データ活用のための
数理モデリング入門

著者：**水上ひろき** + **熊谷雄介** + **高野雅典** + **藤原晴雄**

Introduction to
Mathematical modeling for Data utilization

技術評論社

はじめに

数理モデリングの活用が進む社会に

　近年では民間企業においても、機械学習や統計モデリングなど数理的な理論がますます幅広く活用されるようになりました。マーケティング領域では、膨大な消費者のデータから顧客の特性を観測することで、マーケティング施策の立案に寄与しています。またインターネットの領域でも、オンライン広告の超高頻度取引や情報検索などの分野で、数理的なテクニックは大きな役割を担っています。社会科学の領域でも、デジタルなコミュニケーションを対象にした社会構造の分析が進み、これらは計算社会科学という分野として近年急速に発達しています。そして画像や音声などの識別性能も、分野によっては人間をはるかに超える精度で実現できるようになりました。

　なぜ近年になって急速に機械学習や統計モデリングの活用が進んだのでしょうか？　その大きな要因の1つに情報技術の発達があります。

新しい価値を生み出す資源としてのデータ

　これまで民間企業において、数理的な理論は主に工業製品の設計や生産・品質管理に活用されてきました。この工業などの分野で取り扱うデータは、基本的には生産者や設計者によって特定の目的のために計画的に取得されたものでした。例えば、ある工業製品の不良品の割合を推定するために行われた実験データや、医薬品の有用性を検証するため行われた臨床試験のデータなどがそれにあたります。

　やがてインターネットをはじめとする情報技術の普及にともない、システム上の障害の捕捉や、さまざまな手続きの記録のために膨大なデータが計算機上に蓄積されるようになります。そして、そのデータの中に消費者の行動がこれまでにない規模で記録されていることに注目が集まり、そのデータはマーケティングへ活用されるようになります。このように特定の目的のために蓄積されたデータから新しい知見を見出すための技術体系は、総じて**データマイニング（Data Mining）**と呼ばれています。またス

マートフォンなどの情報端末が普及することで、音声や画像、そして文章などのコンテンツを個人でもインターネットを通じて発信できる環境が整備され、データの流通量は爆発的に増加しました。その膨大なデータから必要な情報を取得するための技術体系は**情報検索 (Information Retrieval)** と呼ばれ、私たちの生活をより豊かなものにしています。

　情報技術の発展にともない、データは「特定の目的のために取得される記録」から「新しい価値を生み出す資源」として扱われるようになりました。そして、データマイニング、情報検索の両分野においては**数理モデル (Mathematical Model)** が重要な役割を果たします。そのため、より多くの企業・組織で、より高度な数理的な理論が活用されるに至ったのです。

ソフトウェアの発達によりデータ分析が身近なものに

　ビジネスの現場では、いつの時代も理論的資源を実装する難易度は高く、ソフトウェアエンジニアにとって大きな壁となってきました。しかし、近年では機械学習や統計モデリングに関する数理的な難しさがソフトウェアによって隠蔽されてきています。これも数理モデルの利活用を推し進める要因となっています。

　これまで、行列の固有値の計算や効率的なソートのアルゴリズムをはじめとする、理論面の資源をソフトウェアによって再現・実装するために科学者たちは膨大な時間を費やしてきました。そしてそれらの資源は今、ソフトウェアとして手軽に（時には中身を十分に理解することなく）活用できるようになりました。統計モデルや機械学習などの数理モデルも、同様にして数理的な難しさがソフトウェアによって隠蔽されてきています。例えば本書の執筆時点では数理最適化に基づく機械学習については**Tensorflow**などが、シミュレーションに基づくベイズ的推論は**Stan**をはじめとする高機能なソフトウェアによって手軽に活用できるようになったのです。無償・有償ソフトウェアや、SaaSとして利用できるものなど、理論的資源を活用するための選択肢はますます増えていくでしょう。

今なぜ数理モデリングを学ぶのか

　専門領域が細分化された現代においては、「どんな目的を達成するために」、「どの程度のコストで」「どんな問題を解くべきか」という、*適切な課題に対して適切な手法でアプローチする技術*はますます重要視されるでしょう。

　データの蓄積・ソフトウェアの発達という世の中の変遷を受けて、数理モデリングは一部の特殊な訓練を受けた専門家だけではなく、民間企業経営者、マーケタ、もしくはアプリケーション開発者など、あらゆる職種において重要なスキルとなります。もちろん、必ずしも数理的な思考や理論的資源を用いることが最善な選択であるとは限りません。ときには直感による意思決定の速さや、感情的な要素を優先することもあるでしょう。しかしながら昨今のデータ利活用にまつわる変遷を考慮すれば、より多様な領域において数理的なアプローチは有効で実行可能な選択肢と言えます。

　さて、現実には、数理的な手法の活用に至るまでに、数理科学の専門家はもちろんのこと、アプリケーション開発者や、またプロデューサやマーケタなどのビジネス側の担当者など、さまざまな分野の専門家が関わることになります。数理科学以外の専門家がどのように関わっていくのかを考えてみます。

アプリケーション開発者のための数理モデリング

　アプリケーション開発者は、ビジネス要件をシステムの仕様として実現する役割を担います。そして多くの場合、ビジネス要件の初期の受け皿となります。どのような手段で要件を満たすことができるのかを考え、必要であれば機械学習や統計モデルをシステムの仕様に組み込むことを検討するはずです。実装においては、数理科学を隠蔽したソフトウェアがアプリケーション開発者の力になります。ところが、そのようなソフトウェアの中には同じようなインターフェースを持ちながらも、異なる仮定や背景の上に成り立つものが多々あります。

　例えばひと口に「教師あり学習」と言っても、その中身は千差万別です。特徴量や教師信号にしても、連続量あるいはカテゴリなどさまざまな種類があり、また特徴量と教師信号の間に仮定される確率分布や損失も数多くの種類があります。そのような多数のソフトウェアの中から、アプリケーション開発者は与えられたデータや仮説のもとで適切なソフトウェアを選択して活用しなければならないのです。誤った仮説に基づくモデルを選択することは、いわば電子レンジで金属を温めるようなもので、得たい結果が得られないばかりか、ときには大惨事を招くこともあります。したがって、アプリケーション開発者にとっても数理的な知識は重要な素養であると言えます。

ビジネス担当者のための数理モデリング

　ビジネス側の担当者は、経営上の大きな目標を細分化した、小さな課題に対して、さまざまな専門家に頼りながら、適切な経営資源の配分を模索していることでしょう。このような非技術者にとっても、数理的な素養は適切な判断の支えとなります。

　近年では、特定の手法自体が注目を浴びる、不自然なブームとも呼べる現象が起きています。このブームに相まって、特定の手法の適用が要件に組み込まれたプロジェクトに大きな予算がつきやすいという事態が散見されるようです。後から振り返ってみれば、そのような手法ありきのプロジェクトの中には、もっとシンプルな課題の解決によって、はるかに大きな影響を与えることができた事例もあります。このとき、経営者は理不尽に大きなコストを支払い、技術者は理不尽に大きな負荷を背負うことになります。きっとそれぞれの課題の困難さを適切に見積もることができていれば、このような事態は発生しなかったことでしょう。したがって企画側の担当者にとっても数理的な知識は、適切な意思決定をするための重要な素養と言えます。

横断知識が求められる時代へ

　しかし逆の言い方をすれば、ビジネス側の担当者、そしてアプリケーション開発者が適切な理解度で数理モデルに習熟することで、さまざまなプロジェクトは大幅に加速すると言えます。そのため今日では、経営企画、計算機科学、そして数理科学など、単独の専門家とは別に、複数の分野に習熟した総合的な意思決定ができる人材が求められています。要件に対して適切なモデルを選択できるソフトウェア技術者や、経営課題に対して適切なデータと仮説をもとにプロジェクトの重要度を決定できる企画者がますます重要な役割を担うことになるのです。

　数理科学分野がビジネスの現場で活用された歴史はまだ浅く、多分野にまたがる横断的な知見を持つ人材不足が嘆かれています。このような背景から、民間企業、とりわけマーケティングやWebにおいて数理科学に携わる気鋭の筆者らによって、ビジネスに活用される数理科学・数理モデリングに重点をおいた本書が刊行されるに至りました。

本書の構成

　全7章で構成します。1章では、本書で扱う話題に共通する「数理モデルの考え方」をごく単純な例を用いて解説します。続く章でそれぞれ独立した話題を扱います。

- 2章 購買予測
- 3章 離脱予測
- 4章 資源配分
- 5章 オンライン広告
- 6章 社会ネットワーク
- 7章 画像認識

　それぞれの分野における数理モデリングの応用例を紹介します。読者の興味に応じて、お好きな章から読みはじめることができます。現時点で数理モデリングに馴染みのない方は、まず1章に目を通して、その後に他の章を読み進めると、より数理モデルに対する理解が深まるはずです。

　本文中では統計学や微積分などの一般的な数理科学の知識について言及せず、そのドメインで取り扱う特徴的な話題に焦点を絞っています。本書を理解するために重要な数理科学の基礎的な項目については、次の付録を巻末に添えますので、そちらを必要に応じて参照しながら読み進めてください。

- 統計学の基礎（データの集計や要約に関する知識について）
- 予測モデルの評価指標について

　本書は、社会実装を通じて数理科学や数理モデリングなどがもたらす恩恵を、よりたくさんの人に届けることを目的として書かれています。そしてそのためには単独の領域ではなく複合的な知見が要求されることを紹介しました。企画担当者や技術者などのあらゆる分野の専門家が適切な課題に対して適切なモデルを選択し、適切な経営資源を割り当てる感覚を持つことで、数理科学の恩恵を今以上に享受できます。その感覚を養う方法の1つとして、よりたくさんの事例にふれることで視野を広げることが有用と考えます。そのため本書ではマーケティングやWeb、計算社会科学、機械学習など、さまざまな分野において解決しようとしている課題と、考察に用いる数理モデルの組み合わせを紹介します。

　具体的な社会実装には、数理科学に加えてソフトウェアあるいはシステムとしての実装が不可欠であることを先に紹介しました。しかし具体的なシステム実装は急速に発展するOSS（Open Source Software）などに支えられており、現存するソフトウェアが数年後に最善の道具であるとは限りません。したがって本書では、具体的なソフトウェアを使った実現方法よりはむしろ、そういった技術的な衰勢に影響されにくい数理的な部分の解説に焦点を当てています。実例を通した理論の理解がみなさまのビジネスを加速させる一助となることを、筆者一同、心から願います。

目　次

第 1 章

数理モデリングの 基礎

　実生活において私たちはたくさんの問題を数学や統計学を用いて解決しています。移動中に目的地に到着するまでの時間を計算したり、ダイエット中に食べる量を考えたりするときなど、無意識のうちに、現実の問題を数学の問題に置き換えて答えを導き出しているはずです。本章ではそういった現象を理解するために、数理的な仮説を立てて、モデル化を行う数理モデリングというテクニックについて解説します。

　章の前半では、日常生活に現れるような簡単な例を数理モデリングの立場で見直しながら、そのプロセスと構成要素を紹介します。後半では、さまざまな数学が数理モデリングの道具となり得ることを説明するために、統計学に基づく数理モデルである統計モデルの例を紹介します。

1.1 数理モデルとは

私たちは普段の生活の中で無意識に数理的な思考を用いています。旅行の計画を立てるときやダイエット中の夕食を考えるときなど、頭の中で何かしらの意味として定量的な指標を考え、計算して意思決定を行なっているでしょう。このように、身の回りで起こる、考察の対象となる現象を理解するために立てる数理的な仮説を**数理モデル**、また数理モデルを立てることを**数理モデリング**と言います（図1.1）。

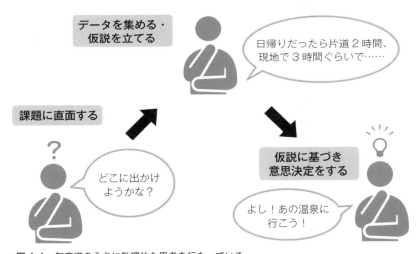

● 図 1.1 無意識のうちに数理的な思考を行なっている

これは多くのビジネスの現場でも同様です。例えば「ある施策がある商品の認知度向上に寄与している」という仮説を立てたとします。この仮説を数理的な言葉で表現し、仮説とデータを照らし合せた上で、数理的なテクニックでその仮説を検証するというプロセスは数理モデリングの典型的な活用事例です。その他にも、目標利益を達成するために今やるべきことを決めるときや、品質の高いプロダクトを作るために必要な人材採用を考えるときなど、ありとあらゆる場面で数理的な思考が役に立っているのです。

1.1.1 数理モデルのプロセス

　私たちが数理的思考を行うとき、頭の中では大きく3つのステップで結論を出しています。

- ステップ1：事実を定量的に評価する
- ステップ2：数理的な仮説を立てる
- ステップ3：仮説やデータを組み合わせて結論を導く

このステップを簡単な例で解説してみます。

　今みなさんは、本書を毎日同じペースで読み進めています。本書の読了には何日かかるでしょうか？

　本書を手に取ったみなさんであれば暗算できてしまうかもしれませんが、問題の抽象化のために上記のステップで考え直してみます

- ステップ1：事実を定量的に評価する
  - ・1日で24ページ読み進めた
  - ・本書は264ページで構成される

- ステップ2：数理的な仮説を立てる
  - ・今後も1日あたりに読み進めるページ数は一定である。つまり次が成り立つ

$$読了に必要な日数 = \frac{本書のページ数}{1日あたりの読了ページ数}$$

- ステップ3：仮説とデータを照らし合わせて結論を導く

$$読了に必要な日数 = \frac{264}{24} = 11 日$$

このように数理モデリングのテクニックを用いれば、身の回りの定量的な問題について仮説を立て数理的なテクニックを使って厳密に評価できるのです。

1.1.2 数理モデルの構成要素

先述の読了にかかる日数の例は、シンプルですが立派な数理モデリングです。本書を手に取ったみなさんであれば、単なる方程式ではないかと落胆したことでしょう。しかしながら最も重要なことは、この方程式自体ではなく***現実の問いを数学の問題に帰着させたこと***です。

本書ではマーケティング、社会科学などにおけるさまざまな課題に対して、統計学や解析学、グラフ理論などの数理的なテクニックを用いたモデリングを取り扱います。一方で、どんなに複雑な数理モデルにおいても、それを構成する要素には共通する考え方があります。本項では、数理モデルの構成要素について、先のシンプルな「読了にかかる日数の例」を通じて紹介します。

データ

ステップ1では「ページ数」や「1日で読めるページ数」などの、観測できる情報を定量的に評価しました。数理モデリングにおいて、この観測された情報は**データ (data)** もしくは**変数 (variable)** と言います。数式上では、実数であれば x や y、ベクトルであれば $\mathbf{x}$ や $\mathbf{y}$ といった記号をよく用います。

今回の例では「1日あたりの読了ページ数」と「本書のページ数」の2つの情報を観測したので、データは2次元のベクトルとして表すことができます。

$$\mathbf{x} = (x_1, x_2) = (1\,日あたりの読了ページ数, 本書のページ数) = (22, 264)$$

パラメータ

直接は観測できないが、数理的な仮説を立てるために必要な変数を**パラメータ (parameter)** と言います。仮説とデータを照らし合わせることで、

最終的に具体的な値を見積もることを期待します。ここでは、ひとまず読了に必要な日数を θ と書くことにしましょう。

$$\theta : 読了に必要な日数$$

モデル

また次のステップでは、「1日あたりに読み進めるページ数は今後も一定である」という仮説のもとで、パラメータとデータを含む方程式を立てました。数理モデリングにおいて、この仮説に基づく数式は**モデル (model)** と言います。ここまでに準備したデータとパラメータの記号を用いて、この仮説を表してみます。

$$\theta = \frac{x_2}{x_1}$$

そして最後のステップでは、このモデルに観測値を代入して、方程式を解くことでパラメータを計算します。

$$\theta = \frac{x_2}{x_1} = \frac{264}{24} = 11$$

この3つのステップを経て、最終的に知りたかった値である「読了に必要な日数」を計算できました。これが数理モデリングです。

1.1.3　数理モデルのタスク

数理モデルを適用する課題は、大まかに**解釈タスク**と**汎化タスク**の2つに分類できます（図1.2）。次のような例を挙げて、この2つのタスクを説明していきます。

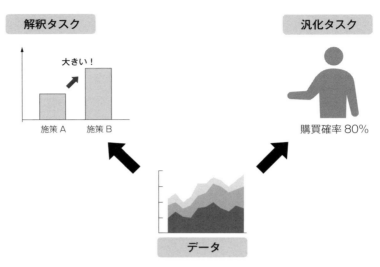

● **図 1.2** モデルを利用して現象を理解するのが解釈タスク。モデルを利用して未知のデータを予測するのが汎化タスク

　ある施策への投資額 x とその投資額あたりの利益 θ と利益 y に対して、利益が投資額に比例するというモデルを考えてみます。この例は以下のように数式で表現できます。

● 式

$$y = \theta x$$

● 具体例

利益 = 投資額あたりの利益 × 施策への投資額

　投資額のように、他の変数に依存しないデータを**説明変数**と呼び、しばしば x と表します。また、利益のように、他の変数に依存するデータを**従属変数**と呼び、しばしば y と表します。繰り返しにはなりますが、この x と y はどちらも観測できるデータであることに注意してください。
　また、多くの場合、従属変数は説明変数とパラメータによって定まると

いう仮説を立てます。このとき、従属変数は説明変数 $\mathbf{x}$ とパラメータ θ の関数 f として次のように表します。

$$y = f(\mathbf{x}|\theta)$$

ここで関数の中に見慣れない記号 $f(\cdot|\cdot)$ が出てきましたが、モデリングの文脈では与えられたデータと、求めたいパラメータを区別する意味でしばしば $f(\mathbf{x}|\theta)$ のように説明変数とパラメータを分けて書きます。

それでは2つのタスクを説明していきます。

解釈タスク

解釈タスクは、**モデルを用いて現象を理解する**というタスクです。この種類の問題はパラメータ θ を見積もること自体に意味があります。施策への投資の例でいえば、直接は観測できない投資対効果がパラメータにあたります。今、100万円の投資に対して、200万円の利益が得られたとします。このことを先のモデル式に代入すると、次のように投資対効果を観測できます。

$$y = f(x|\theta)$$

$$200 = f(100|\theta)$$

$$200 = \theta \cdot 100$$

$$\theta = 2$$

同様のモデルを用いて複数の施策の投資対効果を評価すれば、どの施策が最も効率的かという現象の理解を通じた知見が得られるのです。

本書では、次章以降で以下のような解釈タスクを取り上げます。

- 購買に影響を与える消費者の属性はどのようなものか？（2章）
- 消費者にはどのような属性を持つグループがいるのか？（3章）
- 施策が利益に与える影響は？（4章）
- 噂話はどのように伝搬していくのか？（6章）

汎化タスク

汎化タスクは、**データの一部を用いて残りのデータを予測する**というタスクです。この種類の問題はパラメータ θ を求めるだけでなく、任意の説明変数に対して正確に従属変数を出力することが求められます。

施策への投資の例でいえば、パラメータの計算に用いた $x = 100$ とは異なる金額の $x = 200$ だけ投資した際にどれだけ利益が得られるのかを見積もることがそれにあたります。今、事前の数理モデリングにより投資対効果について $\theta = 2$ が分かっています。ここでモデル $f(x|2)$ に対して新たなデータ $x = 200$ を代入すれば、次のように利益を見積もることができます。

$$y = f(200|2) = 2 \cdot 200 = 400$$

これにより、$x = 200$ だけ施策への投資を行えば、$y = 400$ の利益が得られると見積もることができました。このような事実に基づいて来期の投資計画を立てたりすることもできるようになります。

ここでは事前のモデリングで求めた $\theta = 2$ というパラメータを用いて利益を見積もりました。汎化タスクにおいては、パラメータの計算を**学習**と言います。

ここでも詳細は割愛しますが、次章以降で以下のような汎化タスクを紹介します。

- ある消費者が商品を購入するのか？（2章）
- 広告バナーのクリック確率予測（5章）
- ある画像に映る人物の表情は？（7章）

1.2 数理モデリングの例

本節ではさらにいくつかの典型的な例を紹介します。ここでは、統計学や微分方程式などの数学を多少用いていますが、詳細を理解する必要はありません。次章以降で紹介するさまざまな数理モデルを理解するために、

現実の問題が数学に帰着されることを確認できれば大丈夫です（もちろん数学に興味がある方は調べてみてくださいね）。

1.2.1 比例のモデル

最もシンプルな例として、従属変数が説明変数に比例する例を紹介します。次のような例を考えてみましょう。

たかし君は同じ価格のみかんを3個買い150円を払いました。みかん1つあたりの値段はいくらでしょうか？

この例から得られるデータは買ったみかんの数である3個と払ったお金の150円です。この2つの数字の関係を考えてみると、**支払う金額は買ったみかんの数と単価の積となる**と考えることができます。このことを数式で表現すると、合計金額 y、そしてみかんの単価 θ と個数 x には次のような仮説を立てることができます。

- 式

$$y = \theta x$$

- 具体例

$$合計金額 = 1個あたりの金額 \times 個数$$

ここにデータ $y = 150$ と $x = 3$ を代入してみます。

$$150 = \theta \cdot 3$$

これは θ に関する一次方程式ですが、これを解くと以下のようにみかんの単価を求めることができます。

$$\theta = \frac{150}{3} = 50$$

したがって、みかんが1つ50円であることが分かりました。繰り返しにはなりますが、ここでも数理的な仮説であるモデル式に対してデータを代入し、パラメータである単価を求めました。

また、最初にモデル式 $y = \theta x$ を立てましたが、このことを少し抽象化すると y はパラメータ θ と独立変数 x の関数とみなすことができます。

この $y = \theta x$ の式は $y = f(x|\theta)$ の形になっています。本書ではこのような抽象的な数式表現が何度も登場します。慣れないうちは難しいと感じる人もいるでしょう。しかしながらこの抽象化は、複数の課題の共通点を見つける作業でもあります。本書は幅広い話題を取り扱います。みなさんの身の回りの課題を改めて数式に落としてみると、本書のどこかに共通の問題が見つかるはずです。

1.2.2 コイン投げのモデル

ここでは**統計モデル**の例を紹介します。確率変数（付録を参照）を用いた、偶然現象にまつわる数理モデルを特に統計モデルと言い、また数理モデルと同様に統計モデルを立てることを**統計モデリング**と言います。統計モデリングにおいては、現実の偶然現象を統計的な**推定**を用いて、データが持つ構造を見積もります（図1.3）。それでは簡単な例を通して統計モデリングの手順を見てみましょう。

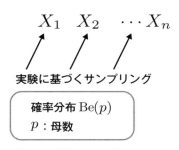

●**図 1.3** 統計モデリングのイメージ

次のような実験について考えてみます。

歪んだコインを1枚投げ、表が出るのか裏が出るのかを観測するという実験を3回行います。その結果、表が2回と裏が1回というデータが得られました。このコインの表の出やすさはどの程度でしょうか？

このモデルの最初のステップは、この実験結果と観測値の対応を定義することです。表か裏かを表すために、とりあえず以下のようにシンプルな確率変数 X を定義します。

$$X(\omega) = \begin{cases} 1 & \text{if } \omega = 表が出る \\ 0 & \text{if } \omega = 裏が出る \end{cases}$$

表が出る確率を p とすると、この確率変数 X は母数 p をパラメータとするベルヌーイ分布 $\text{Be}(p)$ に従うので、次のモデル式を得ることができます。

$$X \sim \text{Be}(p)$$

次にこの母数を推定してみましょう。サンプル列 $X_1, X_2, \cdots, X_n$ が $\text{Be}(p)$ に従うとき、この母数 p の最尤推定量は次のようになることが知られています。

$$p = \frac{\sum_i X_i}{n}$$

実験結果を用いれば

$$p = \frac{2}{3}$$

なる最尤推定値を得ることができます。この母数 p は、このコインの表の出やすさと言えます。

この例では、コイン投げの実験についてモデルを立てて、データを代入してコインの表の出やすさを計算しています。統計学を用いてはいますが、モデリングのプロセス自体は先述した数理モデルの例と同じことが分かります。

1.2.3 計測誤差のモデル

ここではもう少し複雑な統計モデルである**回帰モデル**について説明します。回帰モデルを用いた分析は、**回帰分析**と呼ばれます。次のような例を考えてみましょう。

何種類かの重さのおもりを吊るした、1本のバネに関して表1.1のようなデータが得られたとします。このバネ定数と自然長はどれくらいでしょうか？

バネの長さ	おもりの重さ
10.22cm	20g
13.04cm	30g
15.97cm	40g

■ **表 1.1** おもり別のバネ長

ただし、測定機器の都合で観測値にランダムな誤差があることが事前に分かっているとします。もしこの観測誤差がなければ、バネの長さの観測値 y と吊るしたおもりの重さ x、そして自然長 θ_0 とバネ定数 θ_1 の間に

$$y = \theta_0 + \theta_1 x$$

というモデルを仮定して、連立方程式を用いてパラメータである θ_0 と θ_1 を計算すれば良さそうです。しかしながら、この連立方程式に表1.1のデータを代入しても、3つの式を同時に満たす θ_0、θ_1 は存在しないことが分かります。そこでランダムな観測誤差である

$$\epsilon \sim \mathcal{N}(0, \sigma^2)$$

を用いてモデル式を立ててみましょう。ランダムな観測誤差を含む観測値 y は確率変数とみなせるので、記号を改めて Y とします。そのときモデル式は以下のようになります。

- 式

$$Y = \theta_0 + \theta_1 x + \epsilon$$

- 具体例

バネの長さの観測値 = 自然長 + バネ定数 × おもりの重さ + 観測誤差

ここで $\epsilon \sim \mathcal{N}(0, \sigma^2)$ に注意すれば、観測誤差は以下のように展開できます。

$$Y - \theta_0 + \theta_1 x \sim \mathcal{N}(0, \sigma^2)$$

ここで正規分布の再生性に気をつけると、次のようなモデル式を得ます。

$$Y \sim \mathcal{N}(\theta_0 + \theta_1 x, \sigma^2)$$

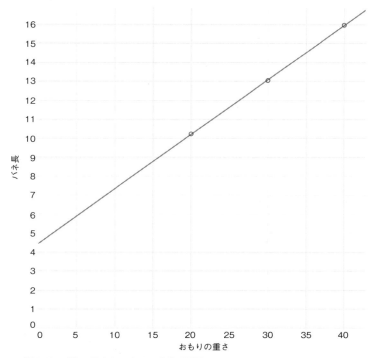

- **図 1.4　バネの長さとおもりの重さの関係**

　このように、誤差に対してある種の確率分布を仮定したモデルが**回帰モ
デル**です。特に誤差を無視したときのモデルが独立変数とパラメータの一
次式になっているとき、この回帰モデルを**線形回帰モデル**と言います (図
1.4)。

　このパラメータ θ_0 および θ_1 の最尤推定値は、観測値との二乗誤差の
和である

$$e(\theta_0, \theta_1) := \sum_i \left(y_i - (\theta_0 + \theta_1 x_i)\right)^2$$

を最小にすることが知られているので、次のように推定できます。

$$\theta_0 \simeq 4.4516$$

$$\theta_1 \simeq 0.2875$$

　このモデリングにより、バネ定数が 0.2875 、そして自然長が 4.4516 と
見積もることができました。取得したデータには観測誤差がありますが、
同様にこのモデルを用いて観測誤差を取り除いた真のバネの長さ y_p を推
定してみましょう。例えば25gのおもりを吊るしたときのバネの長さは

$$Y \sim \mathcal{N}(4.4516 + 0.2875 \times 25, \sigma^2)$$

の期待値をもって

$$E[Y] = 4.4516 + 0.2875 \times 25 = 11.4141$$

と評価できます。このモデル式を汎化タスクに活用することを考えると、
任意の重さのおもりを吊るしたときのバネの長さを、このモデルのもとで
見積もることができます。

1.2.4　自由落下のモデル

　自由落下をはじめとする物理現象の多くは、数理的な解釈により深い考
察を可能にします。以下のような例を考えてみましょう。

地球とは重力が異なる惑星で球を初速 0m/s で落下させたところ、2秒間で 8m の落下が観測できました。この惑星の重力は地球と比べて大きいでしょうか？

これは自由落下の実験なので、等加速度運動のモデルが使えそうです。加速度が常に一定であることから t 秒後の球の 移動距離を $x(t)$ 、重力加速度を a と書けば、以下のような微分方程式を得ることができます。

$$\frac{d^2}{dt^2}x(t) = a$$

両辺を t で積分して、速度に関する以下の方程式を得ます。

$$\frac{d}{dt}x(t) = at + C$$

ここで C は積分定数です。初速が 0m/s であることから次のように積分定数を計算できます。

$$\frac{d}{dt}x(0) = a \cdot 0 + C$$

$$C = 0$$

このことから速度に関する次のような微分方程式を得ます。

$$\frac{d}{dt}x(t) = at$$

これを再び両辺積分して

$$x(t) = \frac{1}{2}at^2 + D$$

ここで再び D は積分定数ですが、2秒後と0秒後の移動距離を代入すれば以下の連立方程式を得ます。

$$0 = D$$

$$8 = \frac{1}{2}a2^2 + D$$

この連立方程式を解けば、重力加速度 4m/s^2 を得ることができます。この重力加速度は、地球の重力加速度である 9.8m/s^2 のおよそ半分以下なので、モデリングによりこの惑星は地球より重力の小さい天体であると

いう考察を得ることができました。

1.3 まとめと参考文献

　世の中のさまざまな問いは、数理モデル化してしまえば、数学や統計のテクニックを用いてさまざまな考察ができます。本章ではありふれた問いに対して、あえて少し回りくどく一次方程式や統計的な推論を用いて答えを導きました。

　続く章では、マーケティング、インターネット、社会ネットワークそして機械学習などの問題をさまざまなモデルを駆使しながら、数学を使って解決する例を紹介します。これらはすべて、定量的な評価を行い、数理的な仮説を立て、データと照らし合わせるという3つの手順で解決しています。それぞれの具体的な例がみなさまの役にたてば幸いですが、この本質的な数理モデル化のテクニック自体は汎用性が高く、どのような領域の方にとっても何かしらのヒントを与えるものであるはずです。

参考文献

- 東京大学教養学部統計学教室 編集,「統計学入門（基礎統計学1）」, 東京大学出版会, 1991.
- 斎藤正彦 著,「微分積分学」, 東京図書, 2006.
- 久保拓弥 著,「データ解析のための統計モデリング入門」, 岩波書店, 2012.

## 第 2 章

購 買 予 測

　本章では、データとモデルを用いていかに購買や需要を予測するかについて説明します。　まず、「マーケティングとは何か」についてふれ、「どうして購買を予測したいのか」「得られた予測からどのようなことが実現できるのか」をマーケティングの観点から説明します。その後、

- ・過去の購買データから未来の購買を予測したい
- ・購買データから自社におけるユーザや商品の傾向を把握したい
- ・時間の変化にともなう購買量の変化、およびその要因を知りたい

といった、マーケティングにおけるいくつかの問題をデータを用いて解決するためのモデリング技術について説明します。　最後に、実際にこれらのモデルを実務に適用する際に注意すべき点、検討すべき事項について考察を行います。

2.1　マーケティングの基礎と購買予測

2.1.1　マーケティングとは

そもそもマーケティングとは何でしょうか。

マーケティングとは非常に広い概念を包括する単語です。しばしば引用されるマーケティングの定義はアメリカマーケティング協会による

Marketing is the activity, set of institutions, and processes for creating, communicating, delivering, and exchanging offerings that have value for customers, clients, partners, and society at large.

マーケティングとは顧客やクライアント、パートナー、社会全体に対して価値を持つ提供物を創造、交流、伝達、交換するための活動や一連の制度、過程である

というものです（日本語は拙訳）[1]。また、日本マーケティング協会も

マーケティングとは、企業および他の組織（教育・医療・行政などの機関、団体などを含む。）がグローバルな視野（国内外の社会、文化、自然環境の重視。）に立ち、顧客（一般消費者、取引先、関係する機関・個人、および地域住民を含む。）との相互理解を得ながら、公正な競争を通じて行う市場創造のための総合的活動（組織の内外に向けて統合・調整されたリサーチ・製品・価格・プロモーション・流通、および顧客・環境関係などに係わる諸活動をいう。）である。

という、より詳細な定義を行っています[2]。

この定義を筆者なりに解釈すると「マーケティングとは、何かを持つ誰かがそれを届けたい誰かに対して行う働きかけである」となります。この解釈にしたがえば

- 商品を TVCM や Web 広告、雑誌広告などの広告手段を通じて消費者に訴えかける
- 多くの人に手にとってもらえるよう商品の値引きを行う
- 消費者の好みを分析し、より好まれる商品を開発する
- なぜ自社の商品ではなく競合の商品が選ばれるのかを分析する

といった特定の商品に関する「マーケティング」活動だけでなく

- インバウンド消費を活性化させるために、海外の人々に対して自国の素晴らしさをアピールする
- NPO 団体が街頭に立ち、活動をアピールしながら募金活動をする
- 高校の文化祭を宣伝するために、近隣の飲食店にポスターを貼らせてもらう

といったような、商品に限らない活動すべてがマーケティングであると言えるでしょう。

では、マーケティングはどのようにその効果を測定できるでしょうか。抽象的に言えば、「その働きかけによってどの程度変化が起こったか」を調べれば良さそうです。前述の例と対応付けるならば、

- TVCM を用いてある商品を消費者に宣伝した結果、どの程度購買量が変化したか
- NPO 団体が繁華街で募金活動を行った結果、どの程度募金が集まったか
- 近隣の飲食店にポスターを貼ったことで、高校の文化祭への来場者数がどの程度変化したか

を調べることで、それぞれのマーケティングの効果を定量的に計測できるでしょう。「購買量」「募金額」「来場者数」といった、マーケティングの効果を測るために用いる指標を**KPI（重要業績評価指標）**と呼びます。

このように KPI が何らかのデータで定量的に評価できるのであれば、

KPIが改善するよう試行錯誤するのが一般的でしょう。しかし、それぞれの取り組みには時間や金銭といったさまざまなコストが発生します。「インバウンド消費を活性化するためにピラミッドを建築する」という取り組みは、完成まで数年待たなければならないでしょう。高校の文化祭の宣伝ポスターも無料ではないため、複数のパターンを無尽蔵に印刷できるわけではないでしょう。NPO団体の人数にも限りがあるため、日本全域で募金活動を行うわけにもいきません。

それでは、どのようにマーケティングを行えばよいでしょうか。例えば以下のような問いを立ててみます。

- ピラミッドを建築することでどの程度インバウンド消費が活性化されるのか、ピラミッドにどの程度需要があるのか、ピラミッドではなく江戸城を巨大化する方がよいのではないか
- 高校の文化祭に来場しそうな人々はどのようなポスターに反応するのか。最もよいキャッチコピーや配色は何なのか
- 募金に協力的な人々はどのエリアに存在しているのか。駅前とショッピングモールのどちらがよいのか

これらをデータとモデリングによって知ることができれば、より効率的・効果的なマーケティングが実現できるでしょう。これが本章の動機です。

本章の目的は、データとそれに対する適切なモデリングを用いてマーケティング活動を支援することにあります。特に「購買を予測する」というタスクをモデリングすることによって、マーケティングにおけるいくつかの課題に対して解決の糸口となるであろう知見を共有します。

2.1.2 なぜ購買を予測するのか

筆者のような分析担当者は、購買情報が手元にあるとすぐに「購買を予測しよう」となってしまいがちです。しかし、ここで冷静に考える必要があります。

私たちはなぜ購買を予測するのでしょうか。誰の、何のために、なぜ予

測を行うのでしょうか。予測が成功するとどのような利益が得られるのでしょうか。そもそも成功するか否かは誰がどのように決めるのでしょうか。今手元にどのようなデータがあるのか、データはどのような項目を持っているのか、データホルダーはどのような問題を抱えているのか、これらの疑問に向き合うところから購買予測は始まっていると言えます。

　例えば、筆者がこれまで取り組んできた購買予測は、次のようなマーケティング課題を解決するために行ってきました。

- とりあえず知りたい

  今手元にあるデータを初めて分析するときなど、「このデータはどの程度予測可能なのか」を把握したい場合があります。そのような場合には、最初から複雑なモデルを使うのではなく、シンプルなモデルを適用することで、そのデータがどの程度モデル化できそうか、分析を行う意味がどの程度あるのかを探る、といったことが行われます。

- 需要を予測し、それに向けて適したリソースを備えたい（汎化タスク）

  例えば、あなたは小売業に属し、手元に過去の商品の売上データがあったとしましょう。そのデータを用いて商品の需要を予測できれば、予測結果に基づいて生産や在庫の確保を行い、機会損失（本当に欲しかった人が品切れで買うことができない状態）を軽減できるでしょうし、反対に、過剰仕入れのような在庫リスクによる損失を軽減できるでしょう。リソースの手配は商品だけではありません。例えば、コールセンターへの問い合わせ件数を予測できれば、オペレータの人数をあらかじめ確保しておくことでスムーズな応対ができるでしょう。

- どのような要因にしたがって需要が発生しているのか知りたい

  例えば、あなたはさまざまな材料を使ったスムージーショップを経営しているとしましょう。どのスムージーがどれだけ売れたかのデータを用いて需要を予測することで、材料やサイズ、トッピング、時期といったそれぞれの要素がどのように需要に影響を与えるのかを知るこ

とができます。さらに、より人気の高い商品を生み出すのは、新しくどの要素を組み合わせればよいのかを知ることもできます。このような予測を実現するためには、商品ごとの売上情報だけではなく、各商品に対してどのような属性（スムージーで言えば材料やサイズ、トッピングなど）が付与されているかを示したデータが準備されている必要がありますし、場合によっては人手でタグ付けを行う必要が生じるでしょう。

- 時間の経過にともなう需要の予測を知り、この先どうなるかを知りたい（解釈タスク）
  ある1つの商品に絞って、その商品の時間にともなう需要の変化をモデル化することで、その商品の需要に対しどのような要素が影響を与えているかを知ることができます。例えば、アイスクリームの週ごとの売上をモデル化した場合には、商品自身のベースとなる需要や、「夏にかけて需要が増加する」「涼しくなるにつれて減少する」といった季節にともなう需要の変化、「特に暑い日があった」や「人気メディアで取り上げられた」といったイレギュラーな需要の増加などの各要素に分解できます。これを実現するためには時系列モデルと呼ばれる手法を用いるのがよいでしょう。

- どういう人が、どのような商品を買っているのかをグルーピングした状態で把握したい（解釈タスク）
  これは「需要を予測したい」というよりも「顧客を理解したい」という気持ちに基づくものです。それぞれの顧客がどのような購買を行っているかといったデータがあったときに、あなたの顧客が大きく分けてどのような人々で構成されているのか、そしてどのような商品を買っているのかを知ることで顧客の人物像を把握し、より適したマーケティング戦略や商品開発が可能になるでしょう。これを実現するためにはユーザと商品とを同時にグループとして捉える手法を用いるのが適切でしょう。

- とにかく精度の高い購買予測を実現したい（汎化タスク）

  ここまでは「購買を予測しつつ商品や顧客についての知見が欲しい」という観点を紹介してきました。しかし場合によっては、とにかく精度が必要ということもあるでしょう。例えば顧客にダイレクトメールやクーポンなどを配信し、そのときのKPIがメールの開封率やクーポンの利用率、購買金額の改善などである場合は、可能な限り高精度な購買予測が求められます。その場合には勾配ブースティングやニューラルネットワークなど、精度を改善することに特化した複雑なモデルを用いたり、さらには1つのモデルだけではなく複数のモデルを組み合わせることでより高い精度を実現するのが定石です。

それぞれのマーケティング課題において、予測モデルに求められるものや必要なデータが異なっていることが分かります。

このように購買予測においては、「どのようなモデルを使いたいか」ではなく、「何を実現したいか」「手元にあるのはどのようなデータか」という点を優先して考え、それに基づいて適したモデルを選択しなければなりません。

本章ではさまざまなシチュエーションを想定し、実際にどのようなモデル化を行えばよいかを説明していきます。ここから先は購買行動を例に挙げて話を進めますが、購買のみならず、なんらかの量を予測や分析、分解したいときにもこれらの手法が使えることに注意してください。

2.2 協調フィルタリング

協調フィルタリングは、購買予測において非常に有名なアルゴリズムです。人によっては購買予測を行うものすべてを協調フィルタリングと呼ぶことさえあります[1]。

---

[1] どんなゲーム機でも「ファミコン」と呼ぶようなものです。

　ここでは、協調フィルタリングがどのような動機に基づいているのか、それが数式やモデルとしてどのように表現されているかについて説明します。

2.2.1　協調フィルタリングの動機

　協調フィルタリングは「過去の購買履歴にしたがってユーザの購買を予測したい」という状況において真っ先に用いられる手法です。

　協調フィルタリングのモチベーションは非常にシンプルであり、「似ているものであれば似たような買われ方をする」という発想に基づいています。協調フィルタリングのたとえとしてよく登場する「おむつとビールを同時に陳列すると売れる」という、協調フィルタリングを表現する際によく登場するたとえ話も「週末、父親によっておむつとビールが同時に購入されている」という観察に基づいています[*2]。

　では、「似ている」とは具体的にはどういうことなのでしょうか？　ここからは

- 似た人によって購買されている
- 似た商品が購買されている

の2つの観点に基づいて説明します。

2.2.2　ユーザベース協調フィルタリング

　ユーザベース協調フィルタリングはその名の通り、「似た人が買っている商品を買いやすい」という仮説に基づいたモデルです。

　例えば、表2.1のような購買履歴があったとしましょう。表の各要素はあるユーザが当該アイテムを購入した個数を意味しており、空欄のセルはまだ購買履歴がないことを意味しています。

[*2]　都市伝説とも言われています。

	アイテム1	アイテム2	アイテム3	アイテム4
ユーザ1	5			1
ユーザ2		2	3	
ユーザ3	4	1	5	2
ユーザ4			3	2

■ **表2.1** 購買履歴の例。ユーザが当該アイテムを購入していた場合には、その個数が記されている

ここで、「似た人が買っているアイテムを買いやすい」をより詳しく

- ユーザ u_i 、 u_j 間の類似度を計算する関数 $\text{sim}(u_i, u_j)$ を考える。この関数は2人のユーザの購買履歴が似ていれば似ているほど高い値を返し、似ていなければ似ていないほど低い値を返す
- ユーザ u_i が未知のアイテム m を購入する個数はその他のユーザ u_j の購入数 $c_{j,m}$ に類似度 $\text{sim}(u_i, u_j)$ を掛けたものの平均値である
  - 類似度が高ければ高いほど、すなわち似ていれば似ているほどそのユーザの購入数を重視する

と定義しましょう。これが**ユーザベース協調フィルタリング**です。この定義を擬似コードで書いたものが以下です。擬似コードにおいて、すべてのユーザを含んだ配列を Users とし、ユーザ u_j の購入数 $c_{j,m}$ を c[u_j][m] と表記します。

(ch2/user_based_collabolative_filtering.py)

```python
def user_based_collaborative_filtering(u_i, m):
    scores = [ ]
    # u_i 以外のすべてのユーザについて計算する
    for u_j in Users:
        if u_i != u_j:
            scores[u_j] = sim(u_i, u_j) * c[u_j][m]

    # 最後にすべての予測値の平均を計算する
    score = sum(scores) / len(scores)
    return score
```

　では、類似度を計算する関数 $\mathrm{sim}(u_i, u_j)$ は、具体的にどのような形をしているのでしょうか。よく用いられるものに**ユークリッド距離**に基づくものと**コサイン類似度**があります。また、ここからは ITEMS を u_i および u_j が共通して購入した商品の集合と定義します。

(ch2/euclid_similarity.py)

```
# ユークリッド距離
def euclid_distance(u_i, u_j):
    d = 0
    for m in ITEMS:
        d += (c[u_i][m] - c[u_j][m]) ** 2

    return d ** 0.5

# ユークリッド距離に基づく類似度
def euclid_similarity(u_i, u_j):
    return 1.0 / (1.0 + euclid_distance(u_i, u_j))
```

　表2.1のユーザ1とユーザ3のユークリッド距離を計算してみましょう。共通して購入しているアイテムは1と4であるため、ITEMS=[1, 4]であり、c[1][1] = 5，c[1][4] = 1，c[3][1] = 4，c[3][4] = 2です。よってユークリッド距離は $((5-4)^2 + (1-2)^2)^{0.5} \simeq 1.41$ であり、この距離に基づく類似度は $\frac{1.0}{1.0+1.41} = 0.41$ です。

　コサイン類似度の擬似コードは以下です。

(ch2/cosine_similarity.py の抜粋)

```
# コサイン類似度
def cosine_similarity(u_i, u_j):
    num = 0.0
    denom_i = 0.0
    denom_j = 0.0

    for m in ITEMS:
        num += c[u_i][k] * c[u_j][m]
        denom_i += c[u_i][m] ** 2
        denom_j += c[u_j][m] ** 2
```

```
denom = denom_i ** 0.5 + denom_j ** 0.5
num = num ** 0.5
return num / denom
```

先ほどと同様に表2.1におけるユーザ1とユーザ3のコサイン類似度を計算してみましょう。$\frac{(5*4+1*2)^{0.5}}{((5^2+1^2)^{0.5})*((4^2+2^2)^{0.5})} \simeq 0.21$ という値を得ることができます。他のユーザについても同様に類似度を計算する必要がありますが、ここでは省略します。

2.2.3 アイテムベース協調フィルタリング

次に説明するのはアイテムベース協調フィルタリングです。これはユーザベース協調フィルタリングとは対照的に**「似たアイテムは似た購買のされ方をする」**という仮説に基づいたモデルです。

この仮説をより詳しく

- ユーザベース協調フィルタリングとは異なり、アイテムベース協調フィルタリングではアイテムの類似度を計算する
- そのために、2つのアイテム m、n の類似度を計算する関数 $\mathrm{sim}(m, n)$ を考える
  ○ この関数は2つのアイテムを買っているユーザが類似していればしているほど高い値を返す
- ユーザ u_i が未知のアイテム m を購入する個数はユーザ u_i がすでに購入したアイテム $n \in \mathcal{I}_i$ の購入数 $c_{i,n}$ に類似度 $\mathrm{sim}(m, n)$ を掛けたものの平均値である
  ○ 類似度が高ければ高いほど、すなわち似ていれば似ているほどそのアイテムの購入数を重視する

と定義します。これが**アイテムベース協調フィルタリング**です。この定義を擬似コードで書いたものが以下です。ユーザ u_i がすでに購入したアイ

テム集合 $\mathcal{I}_i$ は擬似コードにおいて Items_i と表記しています。

(ch2/item_based_collaborative_filtering.py)

```python
def item_based_collaborative_filtering(u_i, m):
    scores = [ ]
    # すでに購入したアイテムについて考える
    for n in Items_i:
        # アイテム間の類似度とその購買量の積をとる
        scores.append(sim(m, n) * c[u_i][n])

    # 最後に予測値の平均を計算する
    score = sum(scores) / len(scores)
    return score
```

　表2.1においてユーザベース協調フィルタリングが各行（ユーザ）間での類似度を計算していたのとは対照的に、アイテムベース協調フィルタリングでは各列（アイテム）間での類似度を計算して予測を行います。

2.2.4　協調フィルタリングのビジネス応用

　ここまで説明した協調フィルタリングのアルゴリズムは非常にナイーブな、いわば教科書通りの解説でした。

　ここからは、実際のビジネス応用に向けたさまざまな改善のアイデアや実際に筆者が業務において採用した手法を紹介します。

一定以上類似しているユーザのみで予測値を計算する

　類似度で重み付けしているとはいえ、あまりにかけ離れたユーザやアイテムについてはそのデータが参考にならず、かえってノイズになることがしばしばあります。そのような場合には、類似する上位 k 個についてのみ値を評価することで精度が改善することが知られています。

　類似する上位 k 件のみを利用するメリットは、精度を改善するだけでなく説明のしやすさにもあります。実際にサービスを提供する段階、またはその検証段階において、あるユーザにアイテムを推薦する上で「なぜこ

のアイテムを推薦したのか」を深く理解したいことがあります。「このシステムはどういう推薦を実現するのか」を上司やクライアントへ説明するために、興味深い実例を探すことがあります。また、推薦システムに対するユーザの納得・信頼度を高めるためにユーザに推薦の理由を提示したいこともあるでしょう。

類似度計算に使った k 人のユーザや商品を確認することで

- どのようなユーザが特に類似しているのか
- 推薦対象のユーザと類似ユーザはどのような商品を共通して購入しているのか

を把握し、より納得度の高い説明ができるでしょう。

異なる類似度関数を用いる

今回紹介したのはユークリッド距離とコサイン類似度でした。その他にも 2 人のユーザ u_i、u_j の類似度を測る関数として**ピアソンの相関係数**

$$\frac{\sum\limits_{k=1}^{N}(c_{i,k}-\bar{c}_i)(c_{j,k}-\bar{c}_j)}{\sqrt{(\sum\limits_{k=1}^{N}(c_{i,k}-\bar{c}_i))(\sum\limits_{k=1}^{N}(c_{j,k}-\bar{c}_j))}}, \ \bar{c}_i=\frac{1}{N}\sum_{k=1}^{N}c_{i,k}$$

や、ふたりのユーザ u_i、u_j が購入したアイテムを集合 $\mathcal{I}_i$、$\mathcal{I}_j$ として考え、それらがどれだけ重複しているかを考える**Jaccard 係数**

$$\frac{|\mathcal{I}_i \cap \mathcal{I}_j|}{|\mathcal{I}_i \cup \mathcal{I}_j|}$$

といったさまざまな類似度があります。どの関数を用いるのが適切かはデータによって異なっているため、使い分けるのがよいでしょう。

筆者が実際に分析した事例を挙げると、データが非常に疎であり、各ユーザがほとんどのアイテムを 1 つしか購入していない、すなわち「いくつ購入したか」ではなく「購入したか否か」のデータでは Jaccard 係数を用いた協調フィルタリングが最もよいパフォーマンスを発揮したことがあります。

アイテムの類似度を別の方法で計算する：コンテンツベースフィルタリング

　アイテムベース協調フィルタリングでは、アイテムの類似度を「他の誰が買っていたか」で求めていました。

　しかし、誰も買っていない未知のアイテムについてはどのようにして予測値を計算すればよいでしょうか？ 協調フィルタリングの基礎理念が「なんらかの類似性に基づいて予測を行う」であったことを思い出せば、もしアイテムに関して「アイテムの購入者」以外の情報が付随しており、それを用いて類似度が得られるのならば予測が可能でしょう。

　アイテムがスムージーだったとし、各アイテムに表2.2のようにバナナや小松菜、レモンといった用いられている材料が紐付いているとした場合、

　この情報をアイテムのベクトルとして用いることができます。このとき、Jaccard係数を用いて類似度を計算すると、スムージー1とスムージー3の類似度は0.25、スムージー1とスムージー2の類似度は0.0、スムージー2とスムージー3の類似度は0.33ということが分かります。この類似度を用いて、新商品であるスムージー3についても予測が可能です。これを**コンテンツベースフィルタリング**と呼びます。

	リンゴ	バナナ	レモン	小松菜	パクチー
スムージー 1	✓	✓	✓		
スムージー 2				✓	✓
（新商品）スムージー 3	✓			✓	

■ **表 2.2**　スムージーとその材料を示した表。✓はその材料が含まれていることを示す

　属性にはさまざまな情報が利用できます。例えばユーザに対して年齢や性別を付与することで、購買履歴のないユーザについても予測できます。また、アイテムが音楽のような音声の場合、音声の波形から得られる特徴量が動画であれば、動画を構成する各フレームの画像や音声の特徴量を用いることで予測精度が改善することが知られています[3][4]。

2.3 行列分解

2.3.1 クラスタリングによるユーザや購買行動の傾向把握

ユーザの購買行動はそれぞれバラエティに富んでおり、そのひとつひとつを見ているだけでもその人となりが浮かび上がってくるわけですが、とはいえ数千人、数万人の行動を見続けるには時間も気力も人手も足りません。

この問題に対する解決策として、**「似たような顧客やアイテムをまとめ、グループとして捉えることによってより解釈しやすくする」**というものがあります。

このまとめあげる作業を**クラスタリング**と呼び、クラスタリングによって得られるまとまり（グループ）を**クラスタ**と呼びます[*3]。クラスタ単位でユーザやアイテムをまとめることで、

- それぞれのクラスタがどのようユーザで構成されているのか
- それぞれのクラスタで特徴的に購買されているアイテムは何か

が分かりやすくなります。

また、マーケティングの文脈においてはユーザやアイテムをクラスタリングして解釈したり、クラスタごとに異なるマーケティング施策を行うことを**セグメンテーション**と呼び、クラスタのことを**セグメント**と呼ぶこともあります[*4]。

クラスタリングのメリットは解釈性の向上だけではありません。クラスタリングは、購買予測の精度を同時に改善することがしばしばあります。

[*3] コラム「ハードクラスタリングとソフトクラスタリング」を参照
[*4] クラスタリングを用いずに、年齢や性別といったユーザの属性に応じてセグメントを構築することもあります。

	アイテム 1	アイテム 2	アイテム 3	アイテム 4	アイテム 5	アイテム 6	アイテム 7
ユーザ 1	✓	✓					
ユーザ 2		✓	✓				
ユーザ 3			✓	✓			
ユーザ 4					✓	✓	
ユーザ 5						✓	✓

■ **表 2.3** 購買履歴の例。"✓"はユーザがそのアイテムを購入したことを示す

　例えば表2.3のような購買履歴を考えてみましょう。このとき、ユーザ1はユーザ2と、ユーザ2はユーザ3と共通して購入しているアイテムが存在しているため、それぞれにはある程度の類似性があると考えるのが妥当です。三段論法で言えばユーザ1とユーザ3は類似していると言えるでしょう。ですが、共通して購入している商品がないため、この2人のユーザの類似度をコサイン類似度やJaccard係数を用いて計算すると0.0となってしまいます。

　ところが、この表2.3を目を細めて[*5]離れて見ると、ユーザ1、ユーザ2およびユーザ3と、ユーザ4およびユーザ5とで2つのまとまりができているように見えるでしょう。このように類似したユーザをまとめるクラスタリングによって「ユーザ1とユーザ3が類似している」と言えるようになります。

2.3.2　モデル化

　では、どのようにクラスタリングを行えばよいでしょうか。それを考えるには「どのようなクラスタが欲しいか？」を振り返ることが重要です。本来の目的は、購買データについて

- それぞれのクラスタがどのようなユーザで構成されているのか
- それぞれのクラスタで特徴的に購買されているアイテムは何か

---

*5　あなたが眼鏡やコンタクトを日常的に利用しているのであればそれらを外してください。

の2つを知ることで自社の顧客を理解したいと説明しました。これは、購買したアイテムに基づいてユーザをクラスタリングするか、もしくは購買したユーザに基づいてアイテムをクラスタリングするかで、それぞれの結果が得られます。しかし、別々に行ったユーザのクラスタリング結果とアイテムのクラスタリング結果とを対応付けて分析するのは非常に困難です。両者のクラスタリング結果が異なれば異なるほど、整合性の高い説明が困難になるでしょう。

ユーザのみ、アイテムのみをクラスタリングすることで上記の問題が発生するのならば、ユーザとアイテムの両方を同時にクラスタリングすることでクラスタの対応付けに苦しむ必要はなさそうです。これを実現するのが共クラスタリングです。

結論から先に述べると、今から紹介するのは**非負値行列分解**（Nonnegative Matrix Factorization；NMF）ですが、ここではNMFの数学的定義を天下り的に説明するのではなく、クラスタリングによって得たい結果から先に説明します。

今欲しいのは

- それぞれのクラスタがどのようなユーザで構成されているか
- それぞれのクラスタで特徴的に購買されているアイテムは何か

の2つの値でした。これらの値をベクトルとして表現するとどうなるでしょうか。

クラスタの数を Z 個としたとき、**「ユーザiが各クラスタにどの程度所属しているか」**は、 Z 次元のベクトル $\mathbf{t}_i = \{t_{i,1}, \cdots, t_{i,Z}\}$ で表現できます。このベクトルの z 番目の値 $t_{i,z}$ は、 i がクラスタ z に所属する度合いを意味します。2つ目については**「アイテムjが各クラスタにどの程度所属しているか」**と言い換えることで、 Z 次元のベクトル $\mathbf{v}_j = \{v_{j,1}, \cdots, v_{j,Z}\}$ で表現できます。

COLUMN ▶▶▶ ハードクラスタリングとソフトクラスタリング

すでにクラスタリングについての知識のある読者であれば、「ユーザやアイテムが1つのクラスタのみに所属するのではないのか」と思うかもしれません。クラスタリングにはデータをいずれかの単一のクラスタに所属するハードクラスタリング（ t_i のいずれかの次元のみが 1 をとり、その他のすべての次元が 0 をとることを意味します）と、データが複数のクラスタに所属するソフトクラスタリング*の2種類があります。

今我々が着目しているデータはユーザとアイテムのクラスタリングですが、より具体的な例として「誰が」「何を食べたか」のデータをクラスタリングすることを考えてみましょう。

このデータがもし「和食」「イタリアン」「中華」「アメリカ料理」というクラスタから構成されていた場合[6]、「すべてのユーザがこの4つのクラスタのいずれかのみに所属する」という仮定はどれほど確からしいのでしょうか。

中には「和食しか食べない」「中華以外受け付けない」というユーザも存在するでしょうが、全員がそうとは考えにくいでしょう。むしろ、「和食がメインだが気分転換に時々中華を食べる」や「イタリアンとアメリカ料理を同時に注文する」といった、複数のクラスタに興味を持つユーザが大半ではないでしょうか。

これはユーザではなく、アイテムについても同様です。寿司がアレンジされたカリフォルニアロールは和食とアメリカ料理のどちらでしょうか。和食に寄せたアメリカ料理と考えるのが妥当でしょう。

このように、マーケティングにおいて分析するデータでは多くの場合、対象のデータが複数のクラスタに所属することを仮定するのが自然です。よって、本章でもソフトクラスタリングを用いて購買履歴を分析します。

---

[6] 実際の分析において「データにどのような真のクラスタが存在するのか」は分かりません。この例は我々が全知全能であることを仮定しています。

あとはこのベクトルの値が分かれば、ユーザとアイテムの共クラスタリングを求めることができます。

	アイテム1	アイテム2	アイテム3	アイテム4	アイテム5	アイテム6	アイテム7
ユーザ1	1	1					
ユーザ2		1	1				
ユーザ3			1	1			
ユーザ4					1		1
ユーザ5						1	1

■ **表2.4** 表2.3で表現した購買履歴の✓を1に置き換えたもの

具体的に表2.4の購買履歴を見てみましょう。これは、冒頭で例示した表2.3の購買履歴における✓マークを1という数値に置換したものです。この購買履歴をクラスタリングすることを考えます。もし、クラスタリングによって得られたベクトルがある程度確かなものであるならば、それは元の購買履歴を十分に反映しているでしょう。

つまり、元の購買履歴の行列 X において、値が存在するユーザ i とアイテム i の組み合わせについて

$$X_{i,j} \approx \mathbf{t}_i^T \mathbf{v}_j$$

が成り立つと考えます。より具体的には

$$1 \approx \mathbf{t}_{\text{ユーザ } 1}^T \mathbf{v}_{\text{アイテム } 1}$$
$$1 \approx \mathbf{t}_{\text{ユーザ } 1}^T \mathbf{v}_{\text{アイテム } 2}$$
$$1 \approx \mathbf{t}_{\text{ユーザ } 2}^T \mathbf{v}_{\text{アイテム } 2}$$
$$1 \approx \mathbf{t}_{\text{ユーザ } 2}^T \mathbf{v}_{\text{アイテム } 3}$$
$$\cdots$$

が成り立つよう $\mathbf{t}$ および $\mathbf{v}$ を求める必要があります。

具体例を挙げて説明しましょう。「誰がどの映画を見たか」という購買履歴の行列があったとします。この購買履歴の背後に「アクションが好き（$z=1$）」「ラブロマンスが好き（$z=2$）」「アニメーション映画が好き（$z=3$）」という3つのクラスタが存在しているとして、

- ユーザを表現するベクトル **t** は、各ユーザの好みのクラスタを大きさに反映したい。例えばアニメーション映画を好み、ラブロマンスを好まないユーザ i のベクトル $\mathbf{t}_i$ における $z = 3$ 次元目の値 $\mathbf{t}_{i,3}$ は大きく、 $z = 2$ 次元目の値 $\mathbf{t}_{i,2}$ は小さくなるように推定したい

- 映画を表現するベクトル **v** はそれぞれの映画の内容を反映したい。例えばアクションとラブロマンスが融合した映画 j のベクトル $\mathbf{v}_j$ は、 $\mathbf{v}_{j,1}$ および $\mathbf{v}_{j,2}$ の値が大きくなるように推定したい

- ユーザ **t** とアイテムのベクトル **v** の積が元の購買履歴になるべく近くなるように推定する

という学習を行うのが共クラスタリングです。

このように、**ユーザとアイテムそれぞれのベクトルの内積が元の購買履歴の値に可能な限り近くなるようにベクトルの値を学習する**のが**行列分解 (Matrix Factorization)** です。

この手続きは、その名の通り「購買履歴の行列を分解する」という観点からも解釈できます。

図2.1を見てください。これは購買履歴 X が2つの行列 **t** および **v** で表現されている様子を表したものです。行列分解が元の購買情報で構成された行列を2つの行列に「分解」する操作であることが伝わるでしょうか。

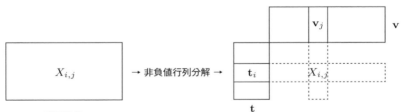

- **図 2.1**　行列分解による購買情報の分解例。左の購買行列 X を行列分解することで **t** と **v** を推定する。その際、 $\mathbf{t}_i^T$ と $\mathbf{v}_j$ の積が元の購買行列 $X_{i,j}$ の値に可能な限り近くなるように推定する

また、せっかく得られたベクトルが負の値をとっていると解釈に困ります。よって、**「それぞれのベクトルの値はすべて正であるように学習する」**

という追加のルール（制約）も付け加えて学習を行います。この制約を「非
負制約」と呼び、行列分解に非負の制約を課した手法を特に**非負値行列分
解**と呼びます。

2.3.3　実データへの適用

それでは、実際のデータにNMFを適用した結果を見てみましょう。

映画レビューデータに基づくクラスタリング

ここで用いるのはMovieLensデータと呼ばれる、9,000本の映画に対し
て600人のユーザがレビューを行ったデータです[7]。表2.5はMovieLens
データの一部です。

ユーザID	タイトル	5段階評価
1	トイ・ストーリー	4.0
1	ラブリー・オールドメン	4.0
1	ヒート	4.0
2	ショーシャンクの空に	3.0
2	クリス・ファーレイは トミーボーイ	4.0

▪ **表2.5**　MovieLensデータの一部

MovieLensデータは主に「どのユーザが」「どの映画に」「どう5段階の評
価をつけたか」で構成されています[8]。

これまでの説明にしたがって、このデータを「どのユーザがどの映画に
評価をつけたか否か」の行列、つまり5段階評価の値をすべて1として行
列を構築しNMFを適用してみましょう[9]。

NMFを「ユーザ-映画」行列に適用することによって

＊7　今回は https://grouplens.org/datasets/movielens/ における MovieLens Latest Datasets を
　　用いました。
＊8　さらにユーザの年齢や性別、映画のジャンルなども配布されています。
＊9　評価の値そのものを用いて行列を構築し、NMF を適用することも可能です。

- 各ユーザがクラスタに所属する度合い **t**
- 各クラスタごとに特徴的な映画 **v**

が分かります。クラスタ数を10としてMovieLensデータにNMFを適用し、クラスタごとに所属する度合いが大きい映画上位5件を抜き出した結果が表2.6です。

クラスタ 1	クラスタ 2	クラスタ 3	クラスタ 4	クラスタ 5
シュレック	インセプション	オールドルーキー	トゥルーライズ	裏窓
アラジン	カールじいさんの空飛ぶ家	リプレイスメント	アポロ13	卒業
美女と野獣	アバター	小説家を見つけたら	バットマン	アニー・ホール
ハリー・ポッターと賢者の石	ダークナイト	U-571	逃亡者	お熱いのがお好き
ハリー・ポッターと秘密の部屋	アベンジャーズ	ペイバック	ダンス・ウィズ・ウルブズ	マンハッタン

クラスタ 6	クラスタ 7	クラスタ 8	クラスタ 9	クラスタ 10
マトリックス	スタスキー＆ハッチ	バードケージ	ターミネーター3	スター・ウォーズ エピソード5/帝国の逆襲
ファイト・クラブ	ドッジボール	ラブリー・オールドメン	ピッチブラック	スター・ウォーズ エピソード4/新たなる希望
ショーシャンクの空に	裸の銃を持つ男	クローンズ	エボリューション	スター・ウォーズ エピソード6/ジェダイの帰還
パルプ・フィクション	インターンシップ	クリス・ファーレイはトミーボーイ	アンダーワールド	レイダース/失われたアーク〈聖櫃〉
アメリカン・ビューティー	チェンジ・アップ/オレはどっちで、アイツもどっち!?	バイオドーム	PLANET OF THE APES/猿の惑星	エイリアン

■ **表2.6** MovieLensデータにNMFを適用し、クラスタごとに所属する度合いが大きい映画を抜き出した結果

この結果を解釈してみましょう。例えばクラスタ1はアニメ映画やハリーポッターシリーズなど、子ども向けの作品が特徴的であることが分かります。よって、このクラスタに所属するユーザは小さな子どもがいる親か、または子ども向け作品を好む人物であることが想像できます。

対照的にクラスタ5は「裏窓」（1954年の作品）や「お熱いのがお好き」（1959年の作品）など比較的古い作品が特徴的であることから、このクラスタに所属するユーザは比較的年齢層が高いか、古典作品を好むことが伺えます。また、クラスタ6では「ショーシャンクの空に」「ファイトクラブ」

「アメリカン・ビューティー」など批評家からも高い評価を得ている作品が特徴的であることから、このクラスタは映画好きを表現していることや、クラスタ10はスター・ウォーズシリーズファンを表現していることなどを読み取ることができるでしょう。

今回は割愛しましたがNMFを適用することで、各クラスタごとに特徴的なユーザの一覧も得られます。ユーザに対して年齢や性別などの属性情報が紐づく場合には、特徴的なユーザに共通する属性を知ることでクラスタの特徴をより深く理解することもできます。

このように、行列分解を用いることで、アイテムやユーザをまとまりとして認識し、分析できます。

2.4 線形回帰

2.4.1 属性と購買との関係に関するモデル

ここまでは、「誰が」「どの商品を買ったか」の関係に着目してきました。ここからはそれぞれの商品について、より詳しいデータが紐付いている状況を考えていきましょう。

例えば、あなたの手元にはサンドイッチ店における各サンドイッチの毎月の売上情報があるとします。この情報だけでも、これまでの手法を用いることによって

- 常連のお客さんに、彼・彼女のこれまでの購買傾向を用いておすすめするサンドイッチをデータから決める
- どのような客層が存在し、その客層ごとに好むサンドイッチは何かをデータから知る

ことができます。

39

さらに、それぞれのサンドイッチにどのよううな具が挟まれているか、ソースは何か、パンは何か、カロリーや塩分はどの程度含まれているか、すなわちサンドイッチを構成する要素の情報もあったとしましょう。これらの情報を用いることで

- サンドイッチを構成するそれぞれの要素がどのように売上に寄与しているのか
- 最も売上が伸びるであろうサンドイッチはどの要素を組み合わせれば実現できるのか

をモデリングから知ることができます。

これはサンドイッチに限った話ではありません。その他にも

- ブログ記事のアクセス数とタイトルに用いた単語との関係を分析することで、よりアクセスされやすいタイトルの記事を執筆する
- 年齢や性別、職業、居住地といったユーザの情報から購買金額や購買量を推定し、ロイヤルカスタマー[*10]と見込まれるユーザに対して施策を行う

といった、商品とその属性に関する関係をモデリングできます。

そのために必要なのは、**構成要素からなんらかの値（ここでは売上）を知るための技術**です。ここからは、最も初歩的な技術である**線形回帰**を説明します。

2.4.2　モデル化

今、商品 i の売上を y_i 、 i に紐づく n 種類の属性を n 次元のベクトル $\mathbf{x}_i = \{x_{i,1}, \cdots, x_{i,n}\}$ として表現しましょう。また、それぞれの属性を**特徴量**、特徴を n 次元のベクトルで表現したものを**特徴量ベクトル**と呼ぶ

＊ 10　より自社ブランドに対する愛着心や親和性が高い顧客

ことにします。

　ここで、以下のように非常にシンプルな仮定を考えます。

- それぞれの特徴量には重要度（**重み**）がある
  サンドイッチの例で言えば、トマトには3、チーズには5、キャビア
  は高級かつ人気食材であるため100の重要度がある、といったもの
  です。

- 特徴量の値と重要度との積の和によって売上が決まる
  サンドイッチの例で言えば、売上はトマトが1つ入るたびに3、キャ
  ビアが1つ入るたびに100伸びるというものです。

　これらの仮定を数式で表現してみましょう。まずは1つ目の仮定につい
て、特徴量 j に対する重みを w_i と書くことにしましょう。上記の例で
は、$w_{トマト}=3$、$w_{チーズ}=5$、$w_{キャビア}=100$ と表現します。

　続いて、2つ目の仮定ですが、これはそのままシンプルに売上が y_i で
ある商品 i について、各特徴量 $x_{i,j}$ と重み w_j の積 $w_j x_{i,j}$ の和
$w_0 \sum_j w_j x_{i,i}$ と書きます。新たに登場した w_0 は、各データの特徴量ベ
クトルによらずに y_i に寄与する量であり、**切片** と呼ばれます。

　線形回帰モデルの推定とは、重み $w_1, \cdots, w_i, \cdots, w_n$、切片 w_0 という
$n+1$ 個のパラメータの推定です。さて、今手元にモデルを学習するため
のデータである $\mathbf{x}_i$ と y_i のペアが N 件あるとしましょう。最も単純な線
形回帰モデルの推定は、実際の目的変数とモデルによる推定値との誤差が
最小となるようなパラメータを探す作業を指します。誤差として二乗誤差
を採用すると

$$\sum_{i=1}^{N} (y_i - (w_0 + \sum_{j=1}^{n} w_j x_{i,j}))^2$$

が最も小さくなるようなパラメータを求める必要があります。この手続き
は最小二乗法とも呼ばれています。

2.4.3　実データへの応用

ワインの評価を予測する

　それでは、実際のデータに線形回帰モデルを当てはめて誤差が最小となるパラメータを求めてみましょう。ここで用いるのはポルトガルの赤ワイン・白ワインそれぞれに対してワインの中に含まれる11種類の化学物質の量と、人手による11段階の評価（0が最も悪く、10が最も良い）によって構成された Wine Quality[*11] データです。

　表2.7にデータの一部を記載します。

酒石酸濃度	酢酸濃度	クエン酸濃度	残糖度	塩化ナトリウム濃度	遊離亜硫酸濃度	総亜硫酸濃度	密度	pH	硫酸カリウム濃度	アルコール度数	評価
8.1	0.87	0	3.3	0.096	26	61	1.00025	3.6	0.72	9.8	4
7.9	0.35	0.46	3.6	0.078	15	37	0.9973	3.35	0.86	12.8	8
6.9	0.54	0.04	3	0.077	7	27	0.9987	3.69	0.91	9.4	6

■ **表2.7**　ポルトガルの赤・白ワインに含まれる11種類の化学物質

　さて、11種類の化学物質の量に基づき、線形回帰モデルによって赤ワインの評価を予測してみましょう。つまり

$$評価 = w_0 + w_1 酒石酸濃度 + w_2 酢酸濃度 + w_3 クエン酸濃度 + w_4 残糖度$$
$$+ w_5 塩化ナトリウム濃度 + w_6 遊離亜硫酸濃度 + w_7 総亜硫酸濃度$$
$$+ w_8 密度 + w_9 pH + w_10 硫酸カリウム濃度 + w_11 アルコール度数$$

という式で評価が表現できると仮定し、予測した評価と実際の評価との差が最小になるように $w_0, w_1 \cdots, w_n$ を求める、ということです。

　実際に推定した重みを表2.8に記しました。

---

* 11　https://archive.ics.uci.edu/ml/datasets/wine+quality

特徴量	推定された重み
酒石酸濃度	0.04
酢酸濃度	-0.23
クエン酸濃度	-0.02
残糖度	0.03
塩化ナトリウム濃度	-0.09
遊離亜硫酸濃度	0.02
総亜硫酸濃度	-0.10
密度	-0.03
pH	-0.06
総亜硫酸塩濃度	0.15
アルコール度数	0.28

▪ **表 2.8** 線形回帰によって推定された重みを小数点二桁で表現したもの

重みはその絶対値が大きければ大きいほど、評価に対して重要であることを意味しています[*12]。この結果を見る限り、最も重要なのはアルコール度数であり、高ければ高いほど評価が高くなるとモデルは示しています。次に重要なのは酢酸濃度であり、こちらは低いほど評価が高くなると示しています。酢酸については適量であればワインの風味として働き、多すぎる場合には風味を害する香りがすると言われており、このような一般的な知見がデータおよびモデルに現れていることが分かります。

今回モデル化する際に用いたそれぞれの化学物質はワイン製造の過程で調整できるため、もしあなたがワイナリーを経営しているのであれば、より評価が高いワインをデータにしたがって製造することも可能です。

2.4.4　適用時の注意点

線形回帰モデルでは単調性を持つ特徴量しか適切に表現できない

しばしば見逃されがちな仮説ですが、そもそも線形回帰モデルでは目的変数に対して単調性を持つ特徴量しかモデル化することができません。も

＊12　後述しますが、推定に際して各特徴量には標準化を行っています。

う少し嚙み砕いて表現すると、線形回帰モデルでは各特徴量が増えれば増えるほど（または減れば減るほど）同じ効果を目的変数に及ぼす、ということです。

一見すると、この仮説は常に成立するように思われます。例えば「身長から体重を推定する」といったときには身長が伸びれば伸びるほど体の体積が増えるため、体重も増えると考えられるでしょう。

しかし、実際のデータではこの仮説が成立しないことがあります。例えばサンドイッチの具材とその売上について考えてみましょう。ベーコンが人気食材であり、トッピングされていればいるほど売上が伸びたとしても、さすがにベーコン100枚のトッピングはベーコン1枚が売上に及ぼす影響の100倍もあるとは考えにくいでしょう。また、まったく味のしないサンドイッチは美味しくありませんが、とはいえソースがかかっていればかかっているほど売上が伸びるわけでもないでしょう。

TVCMやWeb広告などの広告に対する接触回数と、その広告にて宣伝されている商品に対する好感度にも同様の現象が発生することが知られています。ある程度の回数までは広告に接触すればするほど好感度は上昇しますが、次第に好感度の上昇が頭打ちになるというものです。

これはモデルが線形であることによる限界です。このようなデータに対応するためにはより複雑なモデル化を行う必要があります。

特徴量のスケールの違いを考慮する

前項では赤ワインの評価を推定するモデルにおける、特徴量ごとの重みの大きさを比べることでどの特徴量がどのように有用かを確認しました。

しかし、この操作には注意が必要です。なぜならば、特徴量がとり得る値が異なる場合には重みを直接比較できないからです。表2.9は今回用いたWine Qualityデータにおける赤ワインの各特徴量の最小値、最大値、平均、分散です[13]。

---

[13] 本来であれば各特徴量がどのような値や分布、傾向を持っているかはモデルを構築する前に行う作業ですが、今回は説明の都合上前後しています。

特徴量	最小値	最大値	平均	分散
酒石酸濃度	4.60	15.90	8.32	3.03
酢酸濃度	0.12	1.58	0.53	0.03
クエン酸濃度	0.00	1.00	0.27	0.04
残糖度	0.90	15.50	2.54	1.99
塩化ナトリウム濃度	0.01	0.61	0.09	0.00
遊離亜硫酸濃度	1.00	72.00	15.87	109.35
総亜硫酸濃度	6.00	289.00	46.47	1081.43
密度	0.99	1.00	1.00	0.00
pH	2.74	4.01	3.31	0.02
総亜硫酸塩濃度	0.33	2.00	0.66	0.03
アルコール度数	8.40	14.90	10.42	1.13

■ **表 2.9** Wine Qualityにおける赤ワインのそれぞれの特徴量の最小値、最大値、平均および分散を小数点二桁で表現したもの

　これを見ると、とり得る値やその幅が特徴量ごとに大きく異なっていることが分かります。クエン酸濃度や総亜硫酸塩濃度は最大値が1.00や2.00などと比較的小さな値ですが、一方で遊離亜硫酸塩濃度や総亜硫酸塩濃度の最大値はその数十倍から数百倍の値をとることが分かります。

　このように特徴量ごとにとり得る値の幅が異なる現象は、さまざまなデータにおいてしばしば発生します。例えば人体に関するデータでは、身長や体重、視力はそれぞれがとり得る値は大きく異なるでしょう。購買データでは顧客の年齢、商品ごとの購入個数、平均購入金額などが異なるでしょう。

　このようなデータをそのまま分析に用いる場合、次の2点の問題が発生します。

- 回帰係数をそのままでは比較できない

  「回帰係数を特徴量ごとに比較したい」というのは自然な感情ですが、例えば0から100をとる特徴量の重みが0.5であり、0から0.000000000001をとる特徴量の重みが0.5であった場合、この2つの特徴量は目的変数に対して同じ影響力を持っていると解釈するのは正しいでしょうか。前者よりも後者の方が値が変化しにくいため、

重みが同じであったとしてもより重要であることが分かるでしょう。

- パラメータ推定が安定しない

  これは線形回帰モデルに限らずニューラルネットワークやサポートベクターマシンなどのモデルにおいても発生する問題です[*14]。特徴量ごとの値の幅が大きく異なる場合には「内積をとったときに値が大きな特徴量が支配的になってしまう」「値の大小によって勾配が不安定になってしまう」といった理由からパラメータ推定が不安定になり、良い解が得られないことが経験的に知られています[6]。

よって、これらの問題を解決すべく、各特徴量の値を一定の範囲内に納める操作を行うことが推奨されています。

もっとも単純な操作は、値を0.0から1.0の間に変換する **正規化** （Normalization）と呼ばれるものです。これは特徴量のそれぞれの値における最小値と最大値を使って次のように行います。

(ch2/normalization.py)

```python
def normalization(x_values):
    # x_values はある特徴量ベクトルが格納されたリスト
    # 最小値/最大値を取得する
    x_min = min(x_values)
    x_max = max(x_values)
    normalized_x_values = [ ]

    for x in x_values:
        normalized_x = (x - x_min) / (x_max - x_min)
        normalized_x_values.append(normalized_x)

    return normalized_x_values
```

実際に計算してみましょう。例えば特徴量の値が1.0、10.0、3.0、25.0である場合、最小値は1.0で最大値は25.0であるため、正規化後の値は0.0、

---

* 14 決定木に基づくモデルは値のスケールによらず分割する値を決定するため、問題になりにくいと言われています。

0.375、0.083、1.0 であり、無事に値が 0.0 から 1.0 の間に変換されていることが分かります。

　また、**標準化**（Standardization）と呼ばれる操作もあります。これは、特徴量の値が平均 0.0、分散 1.0 の正規分布に従うように変換します。

（ch2/standardization.py）

```python
# 平均を求める関数
def average(values):
    return sum(values) / len(values)

# 標準偏差を求める関数
def standard_deviation(values):
    avg = average(values)
    return (sum((v - avg) ** 2 for v in values) / len(values)) ** 0.5

def standardization(x_values):
    # x_values はある特徴量ベクトルが格納されたリスト
    standardized_x_values = [ ]
    avg_x = average(x_values)
    sd_x = standard_deviation(x_values)

    for x in x_values:
        standardized_x = (x - avg_x) / sd_x
        standardized_x_values.append(standardized_x)

    return standardized_x_values
```

　こちらも実際に計算してみましょう。例えば特徴量の値が 1.0、10.0、3.0、25.0 である場合、平均は 9.75 で標準偏差は 9.417、標準化後の値は −0.929、0.027、−0.717、1.619 です。そして標準化後の値の平均も 0.0、分散が 1.0 になっていることが分かります。

　正規化と標準化、どちらの手法を用いるべきかはデータによって異なります。例えば、ある特徴量における最小値や最大値が外れ値の場合、正規化を適用すると値が歪んでしまうでしょう。また、正規分布とは程遠い分布をとる値に対して標準化を行うのは無理があるように思われます。特徴量の値に応じて使い分けるのがよいでしょう。

正則化によって頑健なモデルを構築する

　今回説明した線形回帰モデルでは、推定すべきパラメータについて特に制限を設けませんでした。一般的に、パラメータの数が増えれば増えるほど、その絶対値が大きくなればなるほどモデルは学習用データに当てはまりやすくなります。しかし、あまりに当てはまりがよすぎる場合、学習されたモデルは未知のデータに対する予測精度が低下することが知られています。このような現象を**過学習**と呼びます。

　数学を勉強する学生を例に考えてみましょう。このとき「数学力」が学習するモデル、「問題集」が学習用データ、「期末試験」が未知のデータだとすると、本来の目的は期末試験（未知のデータ）でよい成績を残せるように数学力（モデル）を鍛えることです。そのためには問題集を解くことで数学力を鍛えるわけですが、とはいえ同じ問題集を何度も繰り返していると解答を丸暗記してしまうでしょう。問題集そのままの問題が期末試験で出題されるのであればこれでも構いませんが、大抵の場合は多少異なる問題が出題されるため、このままではよい点数をとることができません。これが過学習です。

　しかし、過学習を恐れすぎるのもよいとは言えません。過学習を避けるにはモデルの学習データに対する当てはまりを「良くしすぎない」ことで実現できそうですが、とはいえあまりに学習データに対する当てはまりが良くないモデル（上記の学生の例で言えば問題集の問題を3割しか理解していない状態）は、未知のデータに対しても十分な予測ができません。つまり、*学習データに対する当てはまりと未知データに対する当てはまりにはトレードオフが存在しています。*

　線形回帰における最も単純な正則化は、「パラメータの値が大きくなりすぎたらペナルティを課す」というものです。通常の線形回帰では、実際の値とモデルによる予測値との二乗誤差（誤差項）

$$\sum_{i=1}^{N}(y_i - (w_0 + \sum_{j=1}^{n} w_j x_{i,j}))^2$$

を最小化していましたが、さらにすべてのパラメータをそれぞれ二乗した値の和を加えたもの（正則化項）

$$\sum_{i=1}^{N}(y_i - (w_0 + \sum_{j=1}^{n} w_j x_{i,j}))^2 + \lambda \sum_{j=0}^{n} w_j^2$$

を最小化するようにパラメータを学習することで正則化が実現できます。

この正則化を $L2$ 正則化と呼び、$L2$ 正則化を行う線形回帰モデルを**リッジ回帰**と呼びます[*15]。λ は「どの程度正則化を強くするか」を調整するハイパーパラメータです。

この式を少し考えてみましょう。もし λ が非常に大きい場合、モデルは誤差項を小さくするよりも正則化項の方を小さくする方が目的関数の最小化に貢献するでしょう。正則化項を小さくすることはすなわちパラメータ w_j それぞれの値の二乗を小さくすることを意味します。この場合、学習されたパラメータには強い正則化が働きますが、一方で誤差項の最小化が十分に行われないため、予測精度が低くなりがちです。

反対に λ が非常に小さい場合、モデルは正則化項を小さくするよりも誤差項の方を小さくすることで目的関数を最小化しようとします。その結果、誤差項を十分小さくするようなパラメータが得られますが、正則化が弱いために未知のデータに対する予測精度が悪化することが考えられます。

このようなトレードオフを調整するのが λ の役割です。λ の調整は学習データの一部を検証用データとして分割し、検証用データに対する精度が最も良くなるように決定することが一般的です。

実際に正則化項 λ によって予測精度がどのように変化するかを確認しましょう。ここでは BlogFeedback Data Set[*16] を用いて「ブログ記事に24時間以内に何件コメントが投稿されるか」を予測するタスクに取り組みます。

コメント数を予測する線形回帰モデルの学習において、用いた正則化項の強さとテストデータに対する予測精度との関係を図示したのが図2.2です。横軸の w は正則化項 λ を 2^w の値で指定したことを意味しています。

[*15] リッジ回帰はパラメータ w に平均0、分散 λ の正規分布の事前分布を仮定することと同義です。詳細は [5] を参照してください。

[*16] https://archive.ics.uci.edu/ml/datasets/BlogFeedback

対応する縦軸はRMSEであり、値が小さければ小さいほどモデルの予測が正確であることを意味しています。

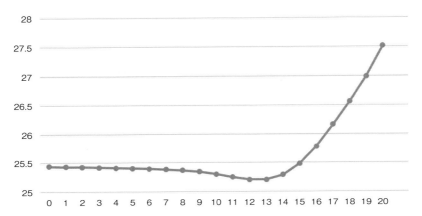

● **図 2.2** 正則化項の大きさと予測精度の関係。縦軸は小さいほどモデルの予測が正確であることを意味する

　この結果を見ると、正則化項を強くするにつれて、わずかながら予測精度が改善し、$w = 12(\lambda = 2^{12})$ の時点が最も予測精度が優れていることが分かります。つまり、$w < 12$ のモデルでは、わずかではありますが過学習が発生していることを意味しています。そして、$w > 12$ を過ぎて w が大きくになるにつれ、予測精度が悪化していることが分かります。これは正則化が強すぎるためにモデルが十分に学習されていないことを意味しています。先ほど説明したような正則化に関するトレードオフが発生していることが分かります。

　パラメータを二乗した値ではなく、絶対値の総和 $\lambda \sum_{j=0}^{n} |w_j|$ である $L1$ 正則化項を用いる **Lasso** や[*17]、$L1$ 正則化項と $L2$ 正則化項の和

---

* 17　この場合はパラメータ w_j の事前分布に平均 0、分散 $1/\lambda$ のラプラス分布を仮定すること同義です。

$\lambda_1 \sum_{j=0}^{n} |w_j| + \lambda_2 \sum_{j=0}^{n} w_j^2$ を用いる **Elastic Net** などもあります。

特徴量の組み合わせを考慮する

今回説明した線形回帰は「それぞれの特徴量が独立に目的変数に影響を与える」という仮定に基づいています。しかし、実際のデータではこの仮定は成り立たないことがあります。

引き続きサンドイッチに挟まれる具材とその売上を例に考えてみましょう。サンドイッチの具材やソースには相性があり、特定の組み合わせによってより美味しくなることが知られています。例えばゆで卵はケチャップやホイップクリームではなくマヨネーズで和えることが一般的でしょう。反対にいちごやメロンなどをフルーツサンドに用いる場合にはマヨネーズではなくホイップクリームを用いるでしょう。また、スモークサーモンには清涼感を加えるスライスオニオン、塩気を含んだケッパー、独特の香りによって生臭さを軽減するディルなどを合わせることでより美味しさが引き立つでしょう。意外なところではバナナとピーナッツバターによる甘みとベーコンの塩味の相性が抜群です[18]。

しかし、このような特徴量間の組み合わせは、シンプルな線形回帰ではマヨネーズはマヨネーズの重み $w_{マヨネーズ}$ のみが存在するため表現できません。組み合わせを考慮する最も簡単な方法は、j と k の組み合わせを表現する新たな特徴量として $x_{i,(j,k)} = x_{i,j} * x_{i,k}$ を導入することです。この操作によって、特徴量 j と k が同時に出現していた場合の特徴量が従う重み $w_{j,k}$ を得ることができ、組み合わせによる効果を表現できます。

しかし、このアプローチには問題があります。

まず、素直に n 個の特徴量すべてについて組み合わせを考えた場合、新たな特徴量の数は $n + \frac{n(n+1)}{2}$ 個に増え、計算すべきパラメータが増えてしまいます。また、パラメータが推定できるのは、学習データのそれぞれにおいて同時に登場している特徴量の組み合わせのみであるため、サンドイッチの具やソースのようにすべての組み合わせがまんべんなく学習

---

[18] この組み合わせは著名な歌手が愛したことから「エルビスサンド」と呼ばれています。

データに存在するのではなく、特定の組み合わせしか登場しない場合、未知の組み合わせについてはその効果を知ることはできません。しかし、学習データにおいて登場していない組み合わせだったとしても、近い性質を持つ特徴量（例えばチェダーチーズとゴーダチーズ、とちおとめとあまおう、チキンとターキーなど）は組み合わせを考えた場合にも似たような効果を示すことが考えられるでしょう。

　そのような状況を仮定したモデルがFactorization Machines[7] です。Factorization Machinesでは、各特徴量が所属するクラスタと、クラスタ間の組み合わせの重みを同時に推定することでこの問題に対処しています[*19]。

購買履歴のないユーザの購買を推定したい

　ここで線形回帰を実際の分析業務で用いた例を紹介しましょう。

　筆者が分析を依頼されたのは、とある小売業における購買データです。そのデータは

- 年齢や性別、居住地といった顧客情報
- 価格やカテゴリといった商品情報
- 「どの顧客がどの商品を購入したか」という購買情報

から構成されていました。

　このようなデータの場合、すでに購買情報がある顧客を対象に協調フィルタリングなどを用いて購買予測を行うことが一般的です。

　しかし、このデータは一般的なデータとは少し異なっていました。なぜならば、購買情報がない顧客についても顧客情報が存在していたのです[*20]。また、実際のビジネス応用を議論したところ、購買情報がない顧客の購買行動を予測することが最も重要であるという結論に至りました。

＊19　ちなみに、Factorization Machines が提案された論文はデータマイニングに関する国際会議である IEEE International Conference on Data Mining 2019 にて "10 Yeah High Impact Award" を受賞しています。

＊20　多くの場合、購買を完了した顧客の情報のみを持ち、購買に至らなかった顧客の情報を集めることはありません。

　そのため、過去の購買情報を用いることなく、顧客情報と商品情報を入力とし、商品の購買量を予測するモデルを構築する必要がありました。その際

- モデルがシンプルであるためパラメータ推定が高速であり
- 学習されたパラメータが分かりやすい

という理由から最初に検討したのが線形回帰です。検討の結果、最終的には最も優れた予測精度を発揮したFactorization Machinesが採用されたわけですが、線形回帰もそこまで見劣りしていたわけではなかったため、

- もし分析対象の顧客数が1,000倍である
- モデルの予測を高頻度かつ高速に実現しなければならない

といった状況であったならば、線形回帰を採用していたでしょう。

2.5　時系列モデル

2.5.1　時系列データの予測・把握

　ここで考えるのはなんらかの時刻[*21]ごとの値が付与されているデータです。

- 1時間ごとに集計された来店者数のデータ
- 日ごとに集計された商品ごとの売上データ
- 月ごとに集計された自社サービスのアクティブユーザ数のデータ

＊21　一般的には等間隔であることを想定します。

といったものです。このようなデータを**時系列データ**と呼びます。

本節では時系列データに対する次のようなタスクについて解説します。

- 過去の値を用いて将来の値を予測するためのモデル（汎化タスク）
- 手元の時系列データがどのような要素から構成されているのかを把握するためのモデル（解釈タスク）

また、これ以降、 N 個の時点から構成される時系列データを $\{y_1, y_2, \cdots, y_N\}$ と表現します。

2.5.2　移動平均・指数平均・線形指数による平滑化

図2.3は日本語版Wikipedia[*22]における「ユニバーサル・スタジオ・ジャパン」のページへの日別アクセス数[*23]です。また、このデータを以降は「USJデータ」と呼ぶことにします。ひと目見て分かるように、時系列データは細かな変動と大きな変動の両方が含まれており、このままではデータの傾向を解釈することが難しくなってしまいます。

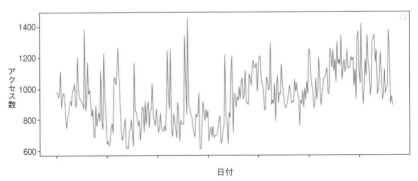

- **図 2.3**　日本語版Wikipediaにおける「ユニバーサル・スタジオ・ジャパン」への日別アクセス数

＊22　Wikipedia の各ページへのアクセス数データは https://dumps.wikimedia.org/ にて GFDL および CC-SA3.0 ライセンスで公開されています。
＊23　今回分析に用いたのは 2017 年 2 月 1 日から 12 月 31 日までのものです。

そこで、**平滑化**と呼ばれる操作を行い、細かな変動をならすことによってよりなめらかな時系列データを得ましょう。また、平滑化によって、時刻 t までのデータを使って時刻 $t+1$ での値を予測できます。

まず思いつくのが「平均値をとることで細かな変動がならされるのではないか？」という手法です。つまり

$$y'_{t+1} = \frac{1}{M} \sum_{i=0}^{M-1} y_{t-i}$$

として、ある時刻 $t+1$ での値 y'_{t+1} をその M 個前までの値の平均値によって新しく得るというわけです。これは**移動平均**に基づく平滑化と呼ばれています。

図2.4は、USJデータに対して、平均をとる M の大きさを変えて移動平均をとったものです。

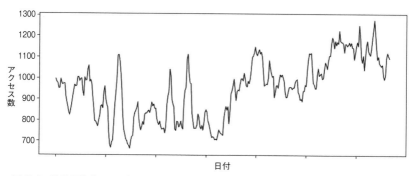

● **図2.4** 移動平均（ $M=5$ ）によって平滑化したUSJデータ

移動平均をとることによって、細かな変動が消え、なめらかなグラフが描かれています。また、 M の値を大きくすればするほど、なめらかなデータになる反面、元のデータに存在していたスパイク状の急激な値の変化が消えていることが分かります。

移動平均に基づく平滑化では、直近の値を等しく重み付けして平均を計算していました。しかし「 t に近い値ほど重要であり、遠い値ほど重要でない」ということも考えられるでしょう。よって、 M 個の点すべてを均等に扱って平均をとるのではなく、近い値ほど重視し、遠い値ほど重視せ

ずに平均をとるとより適切な値になるのではないでしょうか。これが**指数平均**による平滑化です。数式では $0 \leq a \leq 1$ である重み a を用いて

$$y'_{t+1} = ay_t + (1-a)y'_t$$

と記述します。この式を展開してみると

$$y'_{t+1} = ay_t + (1-a)y'_t$$
$$= ay_t + a(1-a)y_{t-1} + (1-a)^2 y'_{t-1}$$
$$= ay_t + a(1-a)y_{t-1} + a(1-a)^2 y_{t-2} + (1-a)^3 y'_{t-2}$$
$$= ay_t + a(1-a)y_{t-1} + a(1-a)^2 y_{t-2} + a(1-a)^3 y_{t-3} + (1-a)^4 y'_{t-3}$$
$$= \cdots$$

となり、t から遠ざかるにつれて指数的に元の値 y を減衰させていることが分かります。

図2.5は a を変えながらUSJデータに対して指数平均をとったものです。a を大きくすると直近の値に強く影響されていることが分かります。

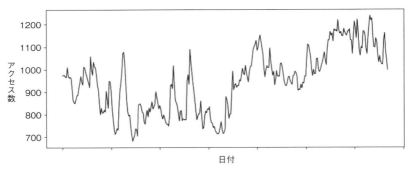

● **図2.5** $a = 0.3$ による指数平均によって平滑化したUSJデータ

より複雑な平滑化としてデータの傾きも考慮して平滑化してみましょう。すなわち、

$$y'_{t+1} = L_t + Tr_t$$
$$L_t = \alpha y_t + (1-\alpha)y'_t$$
$$Tr_t = \beta(y'_t - y'_{t-1}) + (1-\beta)Tr_{t-1}$$

といったように、指数平均による平滑化（ L_t ）と、予測値の差分 $y'_t - y'_{t-1}$ を傾きとした平滑化 Tr_t という2つの平滑化を用いてみましょう。

　これは**Holtの線形指数平滑化**として知られています。

2.5.3　AR・MA・ARMAモデルによる予測

　ここでは、時系列解析における定番のモデルについて説明を行います。

AR

　ある時刻のデータを、それまでに観測された値の重み付き和で推定することを考えてみましょう。

　例えば、ある店舗における明日の来店者数を予測するとします。過去、それも近い日付の来店者数と近い傾向を持つだろうと考えると、明日の来店者数は今日や昨日の来店者数、一昨日の来店者数などの和で予測できるのではないか、ということです。

　i 個前の時系列データに対する重み、つまり、i 個前のデータをどの程度重視するかのパラメータを $\phi_i = 1, 2, \cdots,$ とすると、p 個前までのデータを参照するモデルによる時刻 t の予測値 y_t は

$$y_t = \phi_1 y_{t-1} + \phi_2 y_{t-2} + \cdots = \sum_{i=1}^{p} \phi_i y_{t-i} + \epsilon_t$$

と書くことができます。このモデルは自身の過去の値を用いて回帰を行うことから**AR（Autoregressive；自己回帰）モデル**と呼ばれています。ϵ_t は $N(0, \sigma^2)$ すなわち平均が0で標準偏差が σ である正規分布に従ったノイズです。

また、 p 個前まで遡る AR モデルを p 次の AR モデルと呼び、 $\mathrm{AR}(p)$ と表記します。

MA

時系列解析において、AR モデルに次いで定番なモデルとして **MA（Moving Average）モデル** があります。AR モデルとは対照的に、MA モデルは直感的な説明を行うのが困難です[*24]。 q 個前まで遡る MA モデルを q 次の MA モデルと呼び、 $\mathrm{MA}(q)$ と表記します。定義は

$$y_t = \epsilon_i - \sum_{j=1}^{q} \theta_j \epsilon_{t-j}$$

であり、 q 個前までの各時刻でのノイズ ϵ に重み θ を掛けたものの和によって y_t を記述するというものです。AR モデルが過去の自身の値で回帰していたのに対し、MA モデルでは過去の誤差の値で回帰を行います。

ARMA

AR モデルと MA モデルは同時に扱うことができます。これを **ARMA モデル** と呼びます。

$$y_t = \sum_{i=1}^{p} \phi_i y_{t-i} + \epsilon_i - \sum_{j=1}^{q} \theta_j \epsilon_{t-j}$$

ARMA モデルは、AR モデルと MA モデルの和として定義されています。つまり、過去の自身の値と過去の誤差の値の両方で回帰を行います。また、上記の ARMA モデルを $\mathrm{ARMA}(p, q)$ と表記します。

2.5.4 Holt-Winters モデルによる予測

Holt-Winters モデル は Holt の線形指数平滑化を発展させたものであり、かつ、ARMA の発展形として解釈することができます[*25]。

[*24] 参考文献として［9］をお勧めします。
[*25] 正確には季節変動を考慮した ARMA モデルです。

Holt-Wintersモデルは、線形指数平滑化でも用いられた平均による平滑（レベル）L_t、予測値の差分の傾きによる平滑 Tr_t に加え、さらに周期性 S_t を考慮します。 $0 \leq \alpha, \beta, \gamma \leq 1$ となる3つのパラメータを用いて周期 m を持つデータに対する k 個先の予測値 y'_{t+k} は次のような式で表現されます。

$$y'_{t+k} = L_t + kTr_t + S_{t+n_k}$$
$$L_t = \alpha(y_t - S_{t-m}) + (1-\alpha)(L_{t-1} + Tr_{t-1})$$
$$Tr_t = \beta(L_t - L_{t-1}) + (1-\beta)Tr_{t-1}$$
$$S_t = \gamma(y_t - L_t) + (1-\gamma)S_{t-m}$$
$$n_k = 1 + \{(k-1) \bmod m\} - m$$

このとき、最適なパラメータ α, β, γ は手元にあるデータ y_t と予測値 y'_t の二乗誤差を最小化するよう求めます。

実際にUSJデータについて、これまで見てきた2017年2月1日から12月31日までのデータでパラメータを学習し、その先、2018年1月1日からの30日間のアクセス数をHolt-Wintersモデルを用いて予測してみましょう。

図2.6がその結果です。1週間単位での周期性が存在すると考えたために周期 m は7としました。アクセス数の増減、特に2度発生している大きな山（ピーク）が推定できていることが分かります。

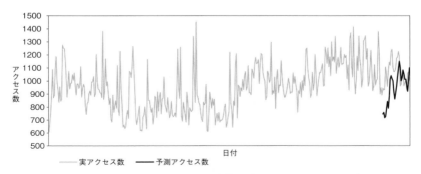

● **図 2.6** 2017年2月1日から12月31日までを学習データとして用いて2018年1月1日から30日間のアクセス数の予測結果

2.5.5　Bassモデル：普及の速度を推定する

　最後に紹介するBassモデルはここまで紹介してきたモデルとは異なり、個々の商品やユーザの購買を予測するものではありません。このモデルは、商品やサービスがどのように市場に普及するかをモデル化します。

　あなたはとあるサービスの運営者です。あなたの手元には毎日そのサービスに新規登録したユーザの数が届けられています。日付 t にサービスに新規登録したユーザの数を $y(t)$ として、サービスをオープンしてから t 日目までの新規登録者数のデータ $\{y(1), y(2), \cdots, y(t)\}$ を用いて、このサービスの登録者数が今後どのように伸びるかを推定する方法を考えてみましょう[*26]。

　ここで、次のような仮定を設けてモデル化を試みます。

- このサービスの潜在的なユーザの総数（サービス登録者の上限人数）は m 人である
- 新規登録するユーザには2パターン存在する
  - パターン1：あるユーザは他人に関係なく登録する
  - パターン2：あるユーザはすでに登録したユーザから影響を受けて登録する。このパターンのユーザはすでに登録しているユーザ数が多ければ多いほど登録しやすくなる

　1つ目の仮定は「このサービスは最大何人まで広まるだろうか」を考慮するパラメータです。ユーザの登録に関する仮定はどちらも受け入れやすいものではないでしょうか。パターン1については、なんらかの要素（偶然見つけた、広告に影響されたなど）によるユーザの新規登録はしばしば発生しているでしょう。またパターン2は、特にソーシャルネットワーキングサービスやゲームコンテンツなどについて「周りで利用している人が増えたから自分もつられて登録する」や「『今利用者が増えている』と話題に

[*26]　あなたのサービスは非常に優れているため、一度契約したユーザは解約することはないと仮定します。

なったことで気になって登録する」といった行動を表現しているわけですが、実生活でもしばしば見られるのではないでしょうか。

では、このモデルを数式で表現してみましょう。

- t における総登録者数 $\sum_{i=1}^{t} y(i)$ を $Y(t)$
- t における未登録者数は $m - Y(t-1)$
- あるユーザが他人に関係なく自発的に登録する確率を p
- あるユーザがすでに登録したユーザから影響を受けて登録する確率を q

としましょう。すると t において

- 他人に関係なく発生する新規登録者数は $p(m - Y(t-1))$
- すでに登録したユーザから影響を受けて発生する新規登録者数は $q\frac{Y(t-1)}{m}(m - Y(t-1))$

であると言えます。まとめると、t における新規登録者数は

$$y(t) = p(m - Y(t-1)) + q\frac{Y(t-1)}{m}(m - Y(t-1))$$

でモデル化できます。

正体を明かすと、これはBassによって提案された**Bassモデル**です。今回例に挙げたのはサービスへの登録者数ですが、Bassモデルはスマートフォンや新車など、繰り返し購買が発生しない商品の普及度合いを推定するモデルとして利用できます。

Bassモデルの p と q のパラメータを変えて新規登録者数 $y(t)$ と累積登録者数 $Y(t)$ を描いたものが図2.7です。時刻 t における累積登録者数はあまり変わらないものの、p の値、すなわち自発的に登録する確率が小さくなると、新規登録者数は中盤にかけて伸びることが分かります。これは、既存ユーザの影響で登録するユーザの数が伸びていることを意味しています。

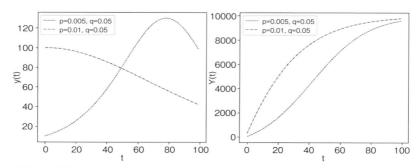

● **図 2.7** 異なるパラメータに基づく Bass モデルによる新規登録者数（左）と累積登録者数（右）

　では、手元に時系列データ（先ほどの例のように各時刻での新規登録者数としましょう）$\{y(1), y(2), \cdots, y(t)\}$ があった場合、そのデータを適切に説明する Bass モデルのパラメータ (m, p, q) はどのようにすれば求められるでしょうか。

　パラメータを求める方針として、**推定した Bass モデルによる値と実際の値との誤差を最小化するようなパラメータを得る**ことを考えます。つまり、

$$\mathrm{Err} = \sum_{i=1}^{t} \left(y(i) - \left(p(m - Y(i-1)) + q\frac{Y(i-1)}{m}(m - Y(i-1)) \right) \right)^2$$

Bass モデルによる推定値と実際の新規登録数 $y(i)$ との二乗誤差 Err を最小化するような (m, p, q) を求めればよいというわけです。

2.6　購買予測における注意点

　ここで説明するのは、モデリングの初心者、ときには中級者ですら陥りがちな誤りへの対応策です。

　例えば「あるアイテム i に付与された属性 x_i」と「あるアイテム i を

ユーザ u が買った（ $y = 1$ ）か買わなかったか（ $y = 0$ ）の変数 $y_{u,i}$ 」の
データがあり、 $y_{u,i}$ を x_i と u を用いて予測するモデル（購買予測モデル）
$f(x_i, u)$ を推定したいとしましょう。

もし、得られた購買予測モデルと予測対象である N 個の未知のデータ
について

- 未知データにおいて「ユーザ u がアイテム i を買った」、すなわち
  $y_{u,i} = 1$ というデータが全体の9割であり
- 購買予測モデルがいかなる入力に対しても 1 を出力する

場合はどうでしょうか。混同行列を描いて確認してみましょう（表2.10）。

予測値＼真の値	0	1
0	0.0	0.0
1	0.1 N	0.9 N

■ **表2.10** 混同行列

混同行列は表頭が真の値を、表側が予測した値を意味し、各セルが条件
に合致するデータの数を意味します。今回は

- 未知データの9割すなわち $0.9N$ 件は 1 であり、残りの $0.1N$ が 0 で
  ある
- すべてのデータについて予測値を 1 とする

という想定であるため、このような混同行列が得られました。さてこのと
き、

- 精度は $0.9N/(0.1N + 0.9N) = 0.9$
- 再現率は $0.9N/0.9N = 0.9$

であることが分かります。

この精度と再現率は数字単体で見れば目覚ましいものでしょうし、数字

に疎い上司であればあなたのモデル構築の腕前を褒めてくれるでしょう。

　しかし、どんなデータに対しても 1 を返す、すなわち、**どんなユーザ やアイテムの組み合わせについても「購買されるだろう」と推定する購買 予測モデルに実用上何の意味があるのでしょうか**[27]。

　次の手続きを行うことで、このような事態を避けられるでしょう。

- モデルを構築する前にデータの分布をよく確認する
- もっとも単純な手法（ベースライン）による予測と比較する

　1 つ目が重要なのは言うまでもありません。予測対象である値、例えば 購買予測であれば「購買したか否か」や「購買された個数」の分布を頻度や ヒストグラムで確認することは、次のような観点から重要です。

　目的変数が連続値であれば、正規分布しているのか、またはべき分布な のかを最初に確認すべきでしょう。このとき分布に応じて対数変換を行う 必要があるかもしれません。また、ほぼ同じ値しか存在しなかったり（例 えば、歯ブラシの販売数に大きな変化が存在するでしょうか？）、複数の 分布が混在している（一度に購入される個数や価格帯が異なるアイテムの 売上データをひとまとめにして扱うと、このような状態が発生します）と いった現象もしばしば発生するので注意が必要です。前者はそもそもモデ ルを用いた予測をする意味があるのかを検討すべきでしょう。もし複数の 分布が存在していた場合には、それぞれの分布がどのような要因から得ら れたのかを確認し、分布ごとにデータを切り分けてモデルを学習すること も検討すべきです。なぜならば、目的変数が複数の分布の重ね合わせで構 成されている場合、モデルがうまく学習できないことがあるからです。

　目的変数が離散値であれば、それぞれの値は均一に存在しているのか、 それともどれかの値に偏っているのかを確認すべきでしょう。離散値が 偏っていると、特定の値だけを出力するモデルが学習されてしまいます。 そのような場合、精度や再現率でモデルの予測結果を評価するのが妥当で

---

* 27　よく経験を積んだ分析者は「精度が 100% を示す」「AUC が 1.0 を示す」といった現象に直 面した場合、「完璧なモデルが構築できた」と鵜呑みにせず、データの整形や自らの実装した 予測モデルのミスを真っ先に疑うでしょう。

はないこともあります。

2つ目もシンプルながらお勧めです。「単純」というのは

- 分類問題であれば、学習データにおいて最も登場したラベルを予測値とする
  - 登場頻度を確率値に変換することで、より柔軟な予測の評価が可能になる
- 回帰問題であれば、学習データにおける値の平均値を予測値とする
- 商品のランキングを作るのであれば、学習データにおける人気順に出力する*28

といった、複雑な数式をまったく使わず、数え上げなどのみで実現できる手法を指しています。これらの単純な、あまりに単純な手法による検証がなぜ重要なのでしょうか。

それは、「なんらかのモデリングによってどれだけ精度が改善したのか」、つまり回帰であればRMSEやMAPE、分類であれば精度や再現率といったモデルの良さを測る指標*29を用いて、改善度合いを知ることができるからです*30。もし、手元のデータにおいて、目的変数と特徴量ベクトルの間になんらかの関係性が存在しているのであれば、適切なモデリングを行えば行うほど、関係性を数理モデルによって適切に表現すればするほど、予測精度は改善するでしょう。

反対に、どんなに複雑なモデルや繊細な特徴量を構築したとしても単純な予測からモデルの精度が改善しないのであれば、目的変数と特徴量との間に関係性はほぼ存在しないでしょう。

また、ベースラインとの比較はモデリングそのものだけでなく、そのモデルを実際にビジネスの現場に導入する上でも重要です。なぜならば、こ

---

*28 筆者が担当した購買データに対する分析では、学習データにおける人気の商品を出力する手法が複雑な数理モデルよりも良い予測精度を示すことがしばしばありました。そのような現象に対応するための購買予測モデルも提案されています [8]。

*29 それぞれの定義は Appendix にて説明しています。

*30 まったく同じ値を予測値として与えた場合にはどんな値であっても R2 は 0.0、AUC は 0.5 となるため、この手法を用いる必要はありません。

れらの数字は何らかのプログラミング言語を用いずとも、何らかの専門知識を持たない人間でも計算が可能だからです。一方、モデリングによる予測は何らかのプログラミングを必要としますし、その作業は専門知識を持った人間が行わなければなりません。

ビジネスの現場にモデリングを導入しようとするときには、多かれ少なかれコストが発生します。例えばそれは簡単なシステム改修にともなう時間や費用かもしれませんし、既存のオペレーションの変更かもしれません。「そのコストに見合うだけの成果がそのモデルにあるのか」というのは、特に本書の読者のようなモデリングをゼロからはじめるような環境においては厳しく問われるでしょう。そのような場面においては、まずは単純な計算で算出できる予測よりもモデルに基づく予測の方が著しく優れていることを示さなければなりません。そうでなければ、「過去の値をそのまま当てはめるだけで十分だ」となり、導入を進めることは不可能でしょう。

2.7　まとめと参考文献

本章では、さまざまな種類の購買にまつわるデータについて、目的とデータの構造に適したモデル化とその実例を示しました。

今回紹介した手法は非常に初歩的なものですが、最新の論文やオープンソースソフトウェアにて提案されているさまざまな手法の多くが、元をたどると今回紹介したモデル化と似た動機に基づいています。

「最高精度を達成した」と謳われているモデルを試す前に、自身が向き合っているデータや課題、問題意識がどのようなものなのか、今回紹介した手法のどれが最も適しているのかに立ち返ることで、きっとより適した手法を見つけることができるでしょう。

参考文献

- [1] https://www.ama.org/the-definition-of-marketing-what-is-marketing/
- [2] https://www.jma2-jp.org/jma/aboutjma/jmaorganization
- [3] Aaron van den Oord, Sander Dieleman, and Benjamin Schrauwen, "Deep content-based music recommendation", NIPS 2013.
- [4] Joonseok Lee, Sami Abu-El-Haija, Balakrishnan Varadarajan, and Apostol (Paul) Natsev, "Collaborative Deep Metric Learning for Video Understanding", KDD 2018.
- [5] C.M. ビショップ 著, 元田 浩, 栗田多喜夫, 樋口知之, 松本裕治, 村田 昇 監訳, 「パターン認識と機械学習」, 丸善出版, 2012.
- [6] C.-W. Hsu, C.-C. Chang, C.-J. Lin, "A practical guide to support vector classification. Technical report, Department of Computer Science", National Taiwan University, 2003.
- [7] Steffen Rendle, "Factorization Machines", ICDM 2010.
- [8] Mengting Wan, Di Wang, Jie Liu, Paul Bennett, and Julian McAuley, "Representing and Recommending Shopping Baskets with Complementarity, Compatibility and Loyalty", CIKM 2018.
- [9] 北川源四郎 著, 「時系列解析入門」, 岩波書店, 2005.

第 **3** 章

離 脱 予 測

　本章では、ユーザや顧客の離脱をいかに予測するかについて説明します。まず、「顧客の離脱とは何か」および「生涯顧客価値」についての前提をみなさんと共有するところからはじめます。本章で重要となるのは医学・疫学の領域において研究されてきた「生存分析」と呼ばれる手法です。生存分析におけるさまざまなモデルを用いて実際にデータを分析していきましょう。

3.1 「離脱」の予測

本章では、ユーザの離脱をいかに予測するかについて説明します。
離脱とは非常にありふれた現象です。例えば、

- 興味がなくなった月額制サービスを解約する
- 普段の買い物をいつものスーパーマーケットではなく、より安い別の店に切り替える
- 毎晩飲むビールの銘柄を変更する

といったような行動はみなさんも実際行っていることでしょう。

ユーザID	性別	契約日	解約日
1	男性	1	3
2	女性	11	13
3	女性	1	−
4	男性	1	10
5	男性	20	−

■ **表3.1** ユーザの離脱予測で用いるデータの例。日付は観測開始日からの経過
日数を意味し、"−" は観測期間内に解約が発生しなかったことを意味する

表3.1のような、観測期間において各ユーザがいつからいつまで顧客であったか（これを**「生存」**と呼びます）、いつから離脱してしまったか（これを**「死亡」**と呼びます）のデータに対してモデル化を行うことで、どのようにユーザが死亡するかを推定、予測できます。

今回用いるのは、医療や薬学、金融分野において発展してきた**生存分析**と呼ばれる手法です。「なぜそんな面倒な手法を持ち出す必要があるのか、解約までの経過日数の平均などを計算すればよいのではないか」と考えるかもしれません[*1]。これには、対象とするデータの特性に基づく理由があります。

---

*1　このように計算する方法を直接法と呼びます。

　表3.1を再度ご覧ください。このデータにはある観測期間[*2]における契約日や解約日が記されています。注意すべきは"−"の項目です。これは、観測期間においてそのイベントが発生しなかったことを意味しており、ユーザ3やユーザ5は**少なくとも**_観測期間が終わった時点では解約していない_ということを意味しています。このようなデータは**打ち切り**（特にこの場合は右側打ち切り）が発生しているデータと呼ばれています。打ち切りが発生しているデータで平均値などを計算してしまうと、真に生存していた時間よりも誤って短く推定されるという問題があります。例えば表3.1における観測期間が20日間だったとすると、20日目に登録したユーザ5が生存していた日数は0日というのは直感に反しているでしょう。そのため、打ち切りを考慮してモデリングする必要があります[*3]。

3.2　Kaplan-Meier 法による推定

ユーザID	契約日	解約日
1	1	3
2	11	17
3	4	9
4	1	10
5	9	19
6	7	15
7	3	−
8	13	19
9	6	7
10	17	−
11	15	−
12	1	20

■ **表3.2**　分析対象であるサービスの契約・解約データ。観測期間は20日間であるとする

＊2　この「観測期間」は「分析対象であるデータの期間」と言い換えられます。
＊3　打ち切りが発生していない場合には直接法で計算可能です。

　まずは、表3.2で表現したサービスの契約・解約データに対するシンプルなモデル化を考えます。その際の方針は

- データを契約日からの経過日数に揃えて分析する
- 契約日から時間が経つにつれてどの程度ユーザが生存するかの確率を計算する

です。まずは1つ目の方針にしたがってデータを揃え、さらに解約までの経過日数で昇順に並び替えた結果が表3.3です。

ユーザID	経過日数	打ち切り発生
9	1	
1	2	
10	2	○
11	4	○
3	5	
2	6	
8	6	
6	8	
4	9	
5	10	
7	16	○
12	19	

■ **表 3.3**　表3.2を契約日に揃え、解約までの経過日数で並び替えたデータ

　表3.3には打ち切りが発生したか否かの情報を加えています。これは、打ち切りが発生したユーザの情報を適切に扱うためです。このデータを使って、**各時刻にユーザが生存している確率**である**生存率**を計算します。

　まず、$t = 0$ 日目では全員が生存（当日に誰も解約していない）しているので、$\frac{12}{12} = 100\%$ です。次に1日目にはユーザ9が死亡しているため、$t = 1$ における生存率は $\frac{11}{12} = 91.7\%$ です。2日目にはユーザ1が死亡しているので $t = 2$ における生存率は「その時点での生存率」と「前日までの生存率」の積をとって $\frac{11}{12} \times \frac{10}{11} = 83.3\%$ とします。3日目および4日目には

死亡が発生していないため生存率は2日目と同様に 83.3% です。5日目には ユーザ3が死亡しています。また、ユーザ10および11に打ち切りが発生しています。生存率の計算（特に分母の部分）からは打ち切られたユーザは除外するため、結果として生存率は $\frac{11}{12} \times \frac{10}{11} \times \frac{7}{8} = 72.9\%$ です。

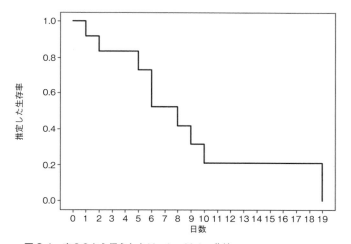

● **図 3.1** 表3.3から得られたKaplan-Meier曲線

この計算を繰り返して得られた生存率を描画したものが図3.1です。この一連の手続きによる推定を**Kaplan-Meier法**と呼び、結果として得られた曲線を**Kaplan-Meier曲線**と呼びます。

3.3 生存分析の目的

前節では簡単な数え上げと確率計算を使ってKaplan-Meier法による生存率を求めました。実は生存率という考え方は医薬分野における**生存分析**に基づいています。ここで、今後の説明に備えて生存分析の大まかな目的を示しましょう。

生存分析の大きな目標は、次の2つの関数をモデル化することです。

- あるユーザが時刻 t まで生存する確率である**生存関数** (survivor function) $S(t) = P(T \geq t)$
  - T は確率密度関数 $f(t)$ に従う生存時間を表す確率変数であり、 $S(t) = 1 - \int_0^t f(u) \mathrm{d}u$
- あるユーザが時刻 t まで生存しているとき、次の瞬間に死亡する確率である**ハザード関数** (hazard function)

$$h(t) = \lim_{\delta t \to 0} \frac{P(t \leq T < t + \delta t | T \geq t)}{\delta t}$$

具体的には

- 手元にあるデータに当てはまるようにハザード関数 $\hat{h}(t)$ を推定する
- 推定されたハザード関数 $\hat{h}(t)$ を用いて生存関数 $\hat{S}(t)$ を計算し、個々の生存時間を知る
  - ハザード関数 $h(t)$ と生存関数 $S(t)$ には $h(t) = -\frac{\mathrm{d}}{\mathrm{d}t} \log S(t)$ 、 $h(t) = \frac{f(t)}{S(t)}$ および $S(t) = \exp(- \int_0^t h(u) \mathrm{d}u)$ という関係が成立する[*4]

の2つの手続きを生存分析では行います。

ここで、「あるユーザが時刻 t まで生存している時、次の瞬間に死亡する確率」と定義されても直感的に飲み込めない読者が多いと思うので[*5]、もう少しハザード関数について説明しましょう。

分かりやすいアナロジーとして、離散時間におけるユーザの生存と死亡を考えましょう。毎朝、ユーザはコインを投げて表だったら死亡し、裏だったら生存するとしましょう。このときのコインの表が出る確率を表現したのがハザード関数とも考えられます[*6]。このアナロジーを連続時間に

[*4]　これは $P(A|B) = P(A, B)/P(B)$ であることと $S(t)$ が $f(t)$ の累積分布関数であることを利用することで式変形できます。

[*5]　筆者も概念を理解するのに苦労しました。

[*6]　厳密にはハザード関数は $0 \leq h(t) \leq 1$ ではないため確率ではありません。あくまでアナロジーです。

適用すると、ユーザは絶え間なくコインを投げ続けている状態を意味します。本章では、コインの表が出る確率が

- いついかなるときでも変わらず一定なモデル（生存時間が指数分布に従うモデル）
- 時間経過によって変化するモデル（生存時間がWeibull分布に従うモデル）
- 時間によっては一定であるが特徴量に応じて異なるモデル（Cox比例ハザードモデル）

を紹介します。

　ちなみに、前述したKaplan-Meier法では、昇順に並び替え済みの時刻 $t_i < t_{i+1}$, $t_{i+1} - t_i = \tau_i$ における生存者数を n_i とし、死亡者数を d_i とするとき、ハザード関数 $h(t)$ は

$$\hat{h}(t_i) = \frac{d_i}{n_i \tau_i}$$

です。

　生存分析においてはハザード関数 $h(t)$ にどのような仮定を置くか、どのような関数を想定するかが重要です。ここからは、いくつかの仮定に基づいて $h(t)$ をモデル化します。最後に、実際のユーザの離脱データへ当てはめます。

3.4　分布に基づくハザードモデル

3.4.1　指数分布

　もっともシンプルな方法として、生存時間の確率密度関数 $f(t)$ に既知の確率分布を当てはめてみましょう。

　例えば、**「ユーザが死亡する確率は時間によらず一定である」**と仮定し

ましょう。これはすなわち定数 $0 \leq \lambda < \infty$ を用いて

$$h(t) = \lambda$$

とハザード関数を記述することを意味します。前述したコイン投げの例え
で言えば、表が出る確率が常に一定であることと同義です。

このとき、生存関数 $S(t)$ は

$$S(t) = \exp\left(-\int_0^t \lambda \mathrm{d}u\right) = e^{-\lambda t}$$

であり、このときの生存時間の確率密度関数 $f(t)$ には

$$f(t) = \lambda e^{-\lambda t}$$

と指数分布が現れます。このように、ハザード関数に定数 λ を仮定して
モデル化することを**指数分布**による生存時間と呼びます。

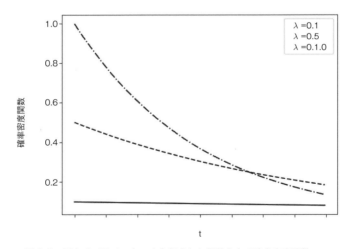

● **図 3.2** 異なるパラメータ λ から得られた指数分布の確率密度関数

図3.2は異なるパラメータから得られた指数分布の確率密度関数です。
この図からも分かるように、ハザード関数に定数を仮定することは、時間
が経過するにつれて生存時間が単調に減少することを仮定していることと

同義であることが分かります。これは、コイン投げのアナロジーで言えば、裏を出し続けることがどんどん難しくなるようなものです。

3.4.2 Weibull 分布

さて、「ハザード関数が一定である」という仮定は、実際にはどの程度確からしいのでしょうか。例えば人間の生死を考えてみると、乳児と老人は若者より体力が低く、死亡しやすいことが想定できます。そのような状況では、死亡しやすさは一定ではなく、***時間経過にともなって変化すると考えるのが妥当でしょう。***

そこで、より柔軟で表現力のある分布を用いることを考えます。ハザード関数を

$$h(t) = \lambda \gamma t^{\gamma-1}$$

という λ と γ の2つのパラメータで表します。これは、コインの表が出る確率が時間 t によって変化することを意味します。

すると生存関数および生存時間の確率密度関数はそれぞれ

$$S(t) = \exp(-\lambda t^{\gamma})$$
$$f(t) = \lambda \gamma t^{\gamma-1} \exp(-\lambda t^{\gamma})$$

です。$f(t) = \lambda \gamma t^{\gamma-1} \exp(-\lambda t^{\gamma})$ を尺度（scale）パラメータ λ と形状（shape）パラメータ γ を持つ **Weibull分布** と呼びます。

生存時間の確率密度関数がWeibull分布に従うと何が嬉しいか、直感的には理解が困難ですので図示してみましょう。

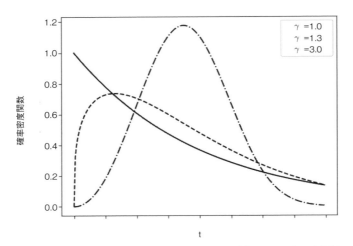

● **図 3.3**　尺度パラメータ $\lambda = 1$ で固定し、異なる形状パラメータ γ から得
られた Weibull 分布の確率密度関数

　図 3.3 は $\lambda = 1$ としてさまざまな γ を用いて描いた Weibull 分布の確率
密度関数です。異なる γ によってさまざまな確率密度関数を得ているこ
とが分かります。また、パラメータによっては生存時間が単調減少せず、
1つのピークを持っていることが分かります。

3.4.3　分布の推定

　ここまで、指数分布と Weibull 分布による生存関数とそのハザード関数
について説明しました。では、手元に生存分析に利用できるユーザの契
約・解約や離脱のデータがあった場合、どのようにこれらの分布のパラ
メータを推定すればよいでしょうか。

　パラメータの推定には、「あるパラメータを持つ関数から得られた確率
がデータにどの程度当てはまっているか」を表現する**尤度**という概念を導
入します。ここからは尤度を記述し、その尤度が最大となるようにパラ
メータを求めます。

　今、n 個の生存時間のデータ $t_1, t_2, \cdots, t_n$ が存在し、そのうち r 個の
生存時間 $t_1, \cdots, t_r$ が右側打ち切りされず、残りの $n - r$ 個の生存時間

$t_{r+1}, \cdots, t_n$ は右側打ち切りされているとしましょう。まずはそれぞれの生存時間について尤度を記述していきます。

打ち切られていない生存時間に対する尤度は生存時間の確率密度関数 $f(t)$ を用いて

$$\prod_{i=1}^{r} f(t_i)$$

です。右側打ち切りされた生存時間 t_j は、**それぞれの生存時間が少なくとも t_j であった**ことを意味しています。つまり、$P(T \geq t_j)$ ですが、これは $S(t_j)$ の定義そのものです。よって、すべての生存時間に対する尤度 L は

$$L = \prod_{i=1}^{r} f(t_i) \prod_{j=r+1}^{n} S(t_j)$$

です。より簡潔に書くと、i が打ち切られていた場合に $\delta_i = 0$ であり、打ち切られていない場合に $\delta_i = 1$ である変数を用いて

$$
\begin{aligned}
L &= \prod_{i=1}^{n} f(t_i)^{\delta_i} S(t_i)^{1-\delta_i} \\
&= \prod_{i=1}^{n} \left(\frac{f(t_i)}{S(t_i)} \right)^{\delta_i} S(t_i) \\
&= \prod_{i=1}^{n} h(t_i)^{\delta_i} S(t_i)
\end{aligned}
$$

です。

あとは、この尤度関数 L、(積の形で記述されているため、実際には対数をとり和の形にした対数尤度関数 $\log L$)を最大化することでハザード関数のパラメータを得ます。

3.5 Cox 比例ハザードモデルによる予測

　ここまでは「誰がどの程度生存していたか」のデータのみを用いてユーザの生存や死亡を推定・予測していました。しかし、ユーザには性別や年齢など、観測開始時から変化しない属性データが備わっていることがあるでしょう。それらのデータを特徴量として用いることで、より柔軟にハザード関数をモデル化することを考えましょう[*7]。

　例えば、手元のデータにおいて

- 男性よりも女性の方が離脱しにくい
- 若者は飽きやすいために離脱しやすい
- 新規優遇キャンペーン経由で登録したユーザは離脱しやすい

といった現象が観測されているのならば、この知見をハザード関数に反映したくなるでしょう。それを実現するもっともシンプルな方法は、**観測開始時点に得られる特徴量を用いてハザード関数のパラメータを回帰するのです**。

　これは、冒頭のコイン投げのアナロジーに対応付けると、「投げるユーザによってコインの種類が異なっているが、表が出る確率は時間によらず一定である」と言えます。

　そのためには、生存時間が t_i であるユーザ i が持つ m 次元の特徴量ベクトルを $\mathbf{x}_i = \{x_{i1}, \cdots, x_{im}\}^T$ としたときに、重みベクトル $\mathbf{w} = \{w_1, \cdots, w_m\}^T$ を用いて

$$h(t_i) \propto \sum_{j=1}^{m} w_j x_{ij}$$
$$\propto \mathbf{w}^T \mathbf{x}_i$$

として、各特徴量 x_{ij} とその重み w_j との線形和（特徴量ベクトルと重み

[*7] 特徴量が時間経過と共に変化するモデリングは [2] を参照してください。

ベクトルとの内積) に比例する形で $h(t)$ を記述すればよいでしょう。ここで、

- $h(t)$ は非負でなければならない
- すべての特徴量 x_{ij} が 0 だった場合に、参照するベースとなるハザード関数 (ベースハザード関数) $h_0(t)$ を用意しなければならない
  - このとき、$h_0(t)$ には、なんらかの確率分布の仮定を設ける必要はない

ということを考慮すると、最終的にハザード関数は

$$h(t_i) = \exp(\mathbf{w}^T\mathbf{x}_i)h_0(t_i)$$

と記述できます。これを**Cox 比例ハザードモデル**と呼びます。

　手元のデータを用いて Cox 比例ハザードモデルのパラメータを推定しましょう。ベースハザード関数 $h_0(t)$ の推定は煩雑であるため本書の対象外とし、ここでは、重みベクトル $\mathbf{w} = \{w_1, \cdots, w_m\}$ の推定のみ説明します。

　$\mathbf{w}$ の推定には、完全な尤度ではなくその近似である**部分尤度**を用います。

　今、$i = 1, \cdots, n$ 人のユーザについてその特徴量ベクトル $\mathbf{x}_i$ とそれぞれの生存時間 t_i が存在し、かつ生存時間について昇順に並び替えられている (つまり $t_{i-1} < t_i < t_{i+1}$ が成立している) としましょう[*8]。また、$R(t_i)$ は時刻 t_i まで生存していたユーザの添字の集合 (リスクセット) です。具体的には t_i まで生存していたユーザが m、n、l の 3 人である場合、リスクセットは $R(t_i) = \{m, n, l\}$ という 3 つの要素を含みます。Cox 比例ハザードモデルにおける部分尤度 $L(\mathbf{w})$ は

$$L(\mathbf{w}) = \prod_i^n \frac{\exp(\mathbf{w}^T\mathbf{x}_i)}{\displaystyle\sum_{k \in R(t_i)} \exp(\mathbf{w}^T\mathbf{x}_k)}$$

[*8]　同時刻に 2 人以上のユーザが死亡することはないものとします。

と記述されるので、この式が最大となるようにパラメータを推定します。導出については省きますが、直感的には**ある時刻におけるリスクセットにおけるハザード関数の総和のうち、死亡したユーザのハザード関数が占める割合**を各時刻について求め、その積を最大化するようにパラメータを学習していると解釈できるでしょう。

3.6　実データによる分析

3.6.1　日本語版 Wikipedia における編集者の離脱予測

　ここからは、本章でふれたそれぞれのモデルを実際のデータに当てはめていきましょう。ここで用いるのは日本語版 Wikipedia における編集者の離脱予測です。

　Wikipedia は誰もが無料で自由に編集や閲覧を行うことができるインターネット百科事典ですが、利用者アカウントの作成機能もあります。ユーザは任意の利用者名とパスワードを Wikipedia に登録し、ログインすることによって、ページの編集履歴に自身の利用者名を残すことや[9]、他のユーザと交流することが可能です。

　Wikipedia における「誰が」「どのページに」「どのような変更を加えたか」という編集履歴情報はクリエイティブ・コモンズ・ライセンスで公開されており[10]、誰でも自由に利用できます。ここからは、このデータを用いてログイン済みユーザ（以降、編集者と呼びます）がどのように離脱するのか、**どのようにページの編集を行わなくなるのか**の分析を行います。

＊ 9　ログインしない場合には編集したユーザの IP アドレスが記録されます。
＊ 10　https://dumps.wikimedia.org/

3.6.2 データの前処理

編集者名	日付	アクション
ブラッドスターク	2018/10/04	create
ブラッドスターク	2018/10/30	patrol
台風2017	2017/10/07	create
台風2017	2017/10/14	move
台風2017	2017/10/14	move_redir
台風2017	2017/10/14	move
Kazoo696	2017/11/13	create
Kazoo696	2017/11/14	create
Kazoo696	2017/11/14	create
...		

※ **表3.4** Wikipedia における編集履歴情報

Wikipedia における編集履歴は表3.4のような構造を持ち、「どの編集者が」「いつ」「どのような変更（アクション）を行ったか」が記録されています。このデータをこれまで説明に用いてきたような編集者ごとの生存時間と特徴量ベクトルのペアにするために、次のような処理を行いました。

- 最初のアクションをとった日が2017年以降のユーザを3,000人ランダムに抽出する
- 「死亡」の判定基準は**最後のアクションから30日間アクションを行っていない場合、死亡とする**[11]
- 今回のデータにおいては約98%の編集者が 1 日しかアクションをとっていないため[12]、分かりやすさのためにそのような編集者を除外する[13]

---

[11] このように、明示的にユーザの解約が分からないデータを非契約型と呼びます。非契約型のデータに対して死亡を明示的に定義せずにモデリングを行う手法については、[1] などを参照してください。

[12] 原因の 1 つとしては一度きりの編集を行うために作られた「捨て垢」の存在などが考えられます。

[13] 実際の分析作業においてこのようなデータに遭遇した場合にはそもそも生存関数を推定するのが本当に正しいのかを考える必要があるでしょう。

モデル化については、以下のように行いました。

- 各編集者 i が初めてアクションをとった日付を t_{i0} として、i が行った最終アクションの日付 t の t_{i0} からの経過日数 $t - t_{i0}$ を生存時間とする
  - 今回ダウンロードしたデータに記録されているのは2018年12月4日までのアクションであるため、最後のアクションから30日後が2018年12月4日以降である場合（例えば最後のアクションが2018年11月30日に行われている場合）には右側打ち切りが発生したものとする
- 特徴量には次の定義に従う39個の変数を用いる
  - 「編集者名と離脱に関係があるのではないか」という仮説に基づき、「編集者名にアルファベット、数字、ひらがな、カタカナ、漢字がそれぞれ含まれている場合には1、含まれていない場合には0をとる」という5個の特徴量を作成する
  - 「アクションと離脱に関係があるのではないか」という仮説に基づき、「初めてアクションをとった日にどのアクションを行ったか」という34個の特徴量を作成する

編集者名	生存時間	打ち切り発生	include_alphabet	include_number	include_hiragana	include_katakana	include_kanji	create	move	...
ブラッドスターク	27	0	0	0	0	1	0	1	0	0
台風2017	8	0	0	1	0	0	1	1	1	0
Kazoo696	2	1	1	0	0	0	0	1	0	0
...										

■ **表 3.5**　生存分析に用いるために変換した Wikipedia の編集履歴情報

この処理を行い、表3.5の形式のデータを得ました。

3.6.3　ユーザ名による Kaplan-Meier 曲線の違い

まずはユーザ名に着目して Kaplan-Meier 曲線を描いてみましょう。

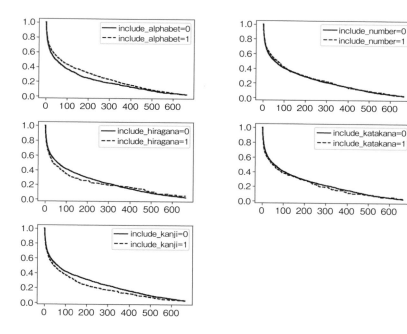

● **図 3.4**　編集者名にアルファベット・数字・ひらがな・カタカナ・漢字それぞれが含まれる
　　　　か否かで推定したKaplan-Meier曲線。横軸は日数、縦軸は推定した生存関数の値

　図3.4は、アルファベットや数字などが編集者名に含まれている場合と
そうでない場合に、どのように生存関数に違いが生じるかを分析するた
め、Kaplan-Meier法を用いて推定を行った結果です。それぞれの曲線に
おいて、上に位置していればいるほど生存確率が高いことを意味していま
す。まず、どの曲線も総じて生存確率が指数的に減衰していることが分か
ります。また、600日を超えて生存している確率は 10% 未満であること
が読み取れます。

　続いてそれぞれの変数における Kaplan-Meier 曲線を見比べると、まず
数字とカタカナそれぞれの有無によっては生存確率に大きな差がないこと
が分かります。しかし、

● アルファベットについては含まれている編集者
● ひらがなについては含まれていない編集者

- 漢字については含まれていない編集者

について、それぞれ100日目から300日目の間における生存確率がわずか
ながらそうでない編集者の生存確率を上回っていることが分かります。そ
れぞれの要素の有無が互いに独立ではなく、ひらがなと漢字が同時に出現
する確率はランダムより高そうであること、ひらがなや漢字とアルファ
ベットが同時に編集者名に出現する確率はランダムより低そうであること
を考えると、「アルファベットの有無のみが生存確率に影響を与えている
のではないか」ということが推測できます[*14]。また、数字やカタカナの有
無について生存確率に差が出なかったのは「当該要素が含まれない編集者
の集合にアルファベットを含む名前とひらがな・漢字を含む名前とが混在
しているため打ち消しあっているのではないか」と推測できます。

3.6.4　モデリングの違いによる予測精度の比較

　次に、異なる複数のモデルでハザード関数を推定し、どのように精度の
差が現れるかを検証してみましょう。今回はハザード関数の精度を負の対
数尤度（NLL）で測ることにします。今、手元の生存時間のデータ $\mathcal{T}$ とそれ
に紐づく特徴量ベクトル $\mathcal{X}$ の組 $\mathcal{T}$、$\mathcal{X}$ を学習データ $\mathcal{T}_{\text{train}}$、$\mathcal{X}_{\text{train}}$ と
テストデータ $\mathcal{T}_{\text{test}}$、$\mathcal{X}_{\text{test}}$ に分割し、学習データ $\mathcal{T}_{\text{train}}$、$\mathcal{X}_{\text{train}}$ を用い
てハザード関数 $\hat{h}(t, x)$ および生存関数 $\hat{S}(t, x)$ を推定したとします[*15]。

　このときのNLLは

$$\text{NLL} = - \log \sum_{t_i \in \mathcal{T}_{\text{test}} , \ x_i \in \mathcal{X}_{\text{test}}} \delta_i \log \hat{h}(t_i, x_i) + \log \hat{S}(t_i, x_i)$$

です。

　NLLが小さければ小さいほど、モデルの未知のデータに対する予測精
度が高いことを意味しています。

＊14　実際に計算したところ、ひらがなと漢字の同時出現はランダムのそれより 2.3 倍、ひらがな・
　　　漢字とアルファベットの同時出現はランダムのそれの 0.006 倍しか発生していないことが分
　　　かります。
＊15　ハザード関数に指数分布や Weibull 分布を仮定した場合には $\hat{h}(t)$ および $\hat{S}(t)$ です。

手法	NLL
指数分布	791.46
Weibull 分布	781.84
比例ハザード	779.00

■ **表 3.6** 指数分布、Weibull分布、および比例ハザードモデルによる生存時間の予測精度。NLLが小さいほどモデルの予測精度が高いことを意味する

前述のWikipediaにおける編集者の離脱データのうち8割を学習データとして指数分布、Weibull分布、およびベースハザード関数をWeibull分布とした比例ハザードモデルを推定し、残りの2割をテストデータとして予測した際のNLLを計算したものが表3.6です。指数分布とWeibull分布ではWeibull分布の方がより柔軟な分布であるために高い予測精度を示していることが分かります。また、Weibull分布をベースハザード関数として特徴量を加えることで、モデルの予測精度がさらに改善していることが分かります。

3.7 まとめと参考文献

本章では医療統計などで用いられている生存分析の手法を紹介し、実際にユーザの離脱データに対する分析を行いました。医療統計という畑違いとも思える分野から紹介したのは、モデリングにおいて重要なのは「どのようなデータにこれまで用いられてきたか」「どのような領域で使われてきたか」ではなく、「そのモデリング手法は抽象的にはどのような現象を表現しているのか、それは手元のデータにも当てはまるのか」という筆者からのメッセージのつもりです。

また、今回はユーザの離脱に絞って説明を行いましたが、機器の稼働開始から故障までの時間間隔や、広告を受け取ってから購買するまでの時間間隔など、時間にまつわるさまざまな現象に生存分析を適用できます。みなさんの手元にある時間にまつわるデータに対して、今回紹介した手法が役立てば幸いです。

- [1] 阿部 誠 著,「RFM指標と顧客生涯価値：階層ベイズモデルを使った非契約型顧客関係管理における消費者行動の分析」, 日本統計学会誌, 2011.
- [2] David Collett 著, 宮岡悦良 監訳, 医薬統計のための生存時間データ解析 原著第2版, 共立出版, 2013.

第 4 章

資源配分

　本章では、日々の業務で多く用いることができる科学的な根拠に基づく意思決定手法、とりわけ経営資源の配分方法について解説します。

　まず、シンプルな単一の施策に対する投資金額決定の問題についてふれます。そして続く節では、交互作用や残存効果などより複雑な現象のモデリングと最適化について解説します。

4.1　資源配分の数理

　日々の業務は意思決定の連続です。プロダクトのプロモーションを展開するとき、人員配置を考えるとき、設備投資を行うとき、商品の入出荷の計画を立てるときなど、さまざまな経営目標を達成するために、何が適切な意思決定なのかを常に模索しています。どのような施策を打つべきか、どのような商品を開発するべきか、どんな顧客をターゲットにするべきか、私たちはどうすれば経営課題を達成できるのかを考え、実践する必要があります。そして近年の情報技術の発達により、あらゆる手続きや手間が自動化され、ますます多くの時間を意思決定に割くことになるでしょう。

　そういった日々の意思決定は、何らかの根拠に基づいて行われているはずです。例えば風水や占いなどに意思決定を委ねることも精神的負荷を軽減する意味では有益かもしれません。または、親戚や恋人など、大切な人の声に耳を傾けることも、ときには生きる上で重要な価値をもたらすかもしれません。しかし今日のこの意思決定の洪水のなかで、とりわけ我々の目を引く根拠に、過去実績などのデータがあります。

　この過去実績のデータを理解することは、意思決定のための強力な武器となります。過去実績のデータには失敗例や成功例が含まれています。この経験を適切にモデリングすることで、その仮定のもとでの、つまりそのモデルを根拠としたときの最適な意思決定ができます。多くの場合、データに基づく意思決定は合理的です。過去の失敗から同じ失敗を再現しないように、そして過去の成功に基づいてより良い成果を得ることが期待できるのです。

　科学的な根拠に基づく意思決定の手法は、総称して**オペレーションズリサーチ**(Operations Research)と呼ばれています。またオペレーションズリサーチのことを略して、単に**OR**と呼ぶこともあります。直訳すれば「作戦研究」となることから想像がつくように、元々は効率的な軍事作戦の探索にルーツを持つ理論体系です。しかしオペレーションズリサーチはその汎用性の高さから、今日ではさまざまな産業で応用されるに至ってい

ます。

4.1.1　経営資源の配分問題

オペレーションズリサーチの大きな興味の1つに、経営資源の配分問題があります。この経営資源には、しばしばヒト・モノ・カネと言われるように、人材や材料、もしくは資金などがあります。**この*経営資源をどのように配分すれば、より大きな目標を達成できるのか*を考える必要があるの**です。このように、ある目的を達成するために、限りある経営課題の最適な配分を考えるという問題を、本章では**経営資源の配分問題**と言います。代表的な経営資源の配分問題には、以下のようなものがあります。

- 1,000万円の広告資金で自社Webサイトへの流入を最大化したい
- 5,000個の商品在庫を10箇所の店舗に分配して、売上を最大化したい
- 1億円の防災予算で自然災害の被害を最小にしたい
- 人口カバー率95%のネットワーク網を最小の設備で実現したい

経営資源の配分問題に数理的なテクニックを用いるとき、大まかに2つのステップで解くことができます。

1つ目のステップはモデリングです。投入した資源配分と得られる利益の関係を適切な仮定のもとでモデリングします。この資源配分問題では、この「適切な仮定」がとても重要です。複数の資源への投資が互いに影響を及ぼす交互作用や、資源投入量の増加分あたりの収穫量が次第に少なくなる収穫逓減など、現象を正しく表す適切な仮定を用いて、資源配分と利益の関係を正しく理解します。

2つ目のステップは数理最適化です。モデリングした利益構造と資源に関する制約条件のもとで、利益を最大にする資源配分を求めます。一般的な数理最適化問題を解くことはものすごく困難です。最適化のアルゴリズムとソフトウェアとしての実装は日進月歩で、最適化問題を解くための商用のソフトウェアもたくさん存在します。一方で本書では数理的なモデリ

ングに焦点をあてるため、本章では簡単な数学で最適解が見つかる問題の
みを取り上げ、本質的な数理最適化の難しさにはふれないことにします。

　また、以降の節では、この資源配分を意思決定の結果という意味で**戦
略**、そして戦略に利益を対応させるモデルは、戦略に対して最終的にコン
トロールしたい値を対応させる関数という意味で**目的関数**と言います。

4.2　数理最適化問題の応用

　今、合計1,000万円の予算を施策Aと施策Bの2つに配分する戦略を考
えるとします。この戦略にのみ影響を受ける利益を最大化するような問題
は、数理最適化問題として取り扱うことができます。

　簡単な例を挙げてみます。

　今、施策Aへの投資額を x_a、そして投資額に対して得られる利益を
y_a とおき、この2つの量の関係が次のように表されるとします。

$$y_a = 2x_a$$

　同様に施策Bへの投資額と得られる利益についても次のように効果が表
されるとします。

$$y_b = 3x_b$$

　この2つの施策に対して合計で1,000万円の投資をすることから、x_a と
x_b の間に次の式が成り立つことが分かります。

$$x_a + x_b = 1000$$

　ただし、投資額の単位は万円とします。ここで投資額 x_a と x_b に対す
る合計の利益 y は、次のように見積もることができます。

$$y = y_a + y_b = 2x_a + 3x_b$$

　このとき、投資額の合計が1,000万円になるように、x_a、x_b の2つの

投資額、投資戦略を決定することが数理最適化の目的です。

そしてこの問題の答えはとてもシンプルです。より投資対効果の大きい、施策Bに全額投資する $(x_a, x_b) = (0, 1000)$ ことが最適戦略と言えます。そしてこのとき、私たちは

$$y = 2 \cdot 0 + 3 \cdot 1000 = 3000$$

より、3,000万の利益を得ることが分かります。さらに言えば、どちらの戦略も投資対効果がプラスであることから、資金制約すらも考慮する必要がなく、資金があればあるだけ施策Bに投資すれば利益が出るということになります（こんなことが現実に起こるでしょうか？）。

しかし、ビジネスの現場で意思決定をする方ならお分かりのように、現実はそう簡単ではありません。このモデリングのどこに問題があるのでしょうか？ 本節では、数理最適化の数学な定式化と現実の問題に適用する際の難しさについて解説します。

4.2.1 数理最適化問題

先の問題をより抽象的な数学の言葉で定式化してみます。今、最大化したい値を $y \in \mathbb{R}$、取り得る戦略を $\mathbf{x} = (x_1, x_2, \cdots, x_n) \in \mathbb{R}^n$ と書くとします。そして取り得る戦略への制約条件を $\mathbf{x} \in S \subset \mathbb{R}^n$ とします。この問題は数学的には次のように表記します。

$$\text{maximize} \quad y = f(\mathbf{x})$$
$$\text{subject to} \quad \mathbf{x} \in S$$

ここで f は関数で、n 次元のベクトルから実数への関数とします。それぞれ最大化したい $y = f(\mathbf{x})$ を**目的関数**、集合 S を**制約条件**、また $\mathbf{x} \in S$ を満たす $\mathbf{x}$ を**許容解**と言います。そして、目的関数 $y = f(\mathbf{x})$ を制約条件のもとで最大にする $\mathbf{x}^* \in S$ を**最適解**と言います。

冒頭で述べた違和感のあるモデルにこの表記を用いれば以下のように表せます。

$$\text{maximize} \quad y = 2x_a + 3x_b$$

$$\text{subject to} \quad x_a + x_b = 1000, \ \mathbf{x} \geq 0$$

ここで $\mathbf{x} \geq 0$ というベクトルの不等式は、そのベクトルのすべての元が 0 以上であることを表します。これは負の投資額が実現できないことを表しています。

さて、このモデルはどうして意思決定のモデルとして不適切なのでしょうか？ 現実の問題と照らし合わせながら理由を考えてみましょう。

4.3 投資戦略のモデル化

予算配分最適化問題を解くとき、最初にすべきことは、目的関数を**正しく現実の問題にそうようにモデリングすること**です。冒頭のモデルへの違和感は、この目的関数の構造が現実の問題にそっていないことに起因しています。

しばしば現実の、とりわけ広告への投資戦略のモデルでは、ここで紹介する収穫逓減の法則と費用、そして交互作用などの影響が考慮されます。この他にも投資効果に対して確率的な偶然性があるとき、その偶然性に対するリスクを最小化するという問題もありますが、少し複雑なためここでは上記で挙げた基礎的な要素の紹介に留めます。

4.3.1 単一の施策に対する最適投資戦略

典型的な広告施策への出稿金額と利益の実績が図4.1のように得られたとします。表4.1はそのデータの一部です。最大で4,000万円まで出稿できるとき、来期の利益を最大にするために、どのような戦略をとるべきでしょうか？

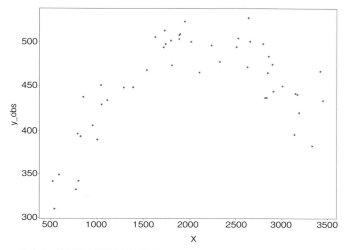

＊**図4.1** 散布図：利益と出稿費用

出稿金額[万円]	利益[万円]
2370	494
1750	497
2860	468
660	377
3110	449
600	354
…	…

＊**表4.1** データ：利益と出稿金額

　この問題を数理最適化問題の枠組みで解くために、目的関数となる「出稿金額と利益の関係」について調べて、モデル化を進めます。

　図4.1の散布図を見てみましょう。マーケティング分野に携わってる方は見覚えのある形だと思いますが、大まかには**たくさん出稿すればよいわけではなさそう**ということが分かります。そして違和感のあるモデルで仮定した $y = 2x$ のような直線のモデルとはかけ離れていることが分かります。さらによく見てみると、以下のような特徴もありそうです。

- 投入金額が増えると傾きが減る
- 一定以上金額を投入すると利益が減る

さて、このようなデータはどのようにモデリングすればよいでしょうか？

収穫逓減の法則

　ここで、**収穫逓減の法則**という経験的な法則を紹介します。

　収穫逓減の法則とは、さまざまな資源の量と生産量の間で観測できる経験則で、資源を一定量ずつ増加させたときに、「生産量の伸び幅」が次第に減少するというものです。例えば農作物における肥料の量と収穫量の関係や、工業製品における資源と生産量の関係など、程度に差はあれど収穫逓減の法則はさまざまな分野で観測できます。

　また、ある財によって得られる人間の満足感のことを経済学の文脈では**効用**と言いますが、この与えられる財の量と効用の関係も、多くの場合この収穫逓減の法則に従います。例えばあなたがりんご（もしくは何かしら大好物な食べ物）を1つずつ手渡しされることを考えます。2つ、3つと数が増えるにつれてその嬉しさは逓減していくことが体験できると思います。この効用の文脈では、特に収穫逓減の法則を**限界効用逓減の法則**などと呼ぶことがありますが、どちらも本質的には同じことを表現しています。

　資源の量 x と生産量 y の間の収穫逓減のモデルには、$a, b > 0$ をパラメータとする次のような指数関数を用いた式がしばしば用いられます。

$$y = bx^a$$

　この a が $0 < a < 1$ を満たすとき、グラフは上に凸となります。例えば $a = 0.5$、$b = 1.0$ のとき、$y = bx^a$ のグラフは図4.2のようになります。

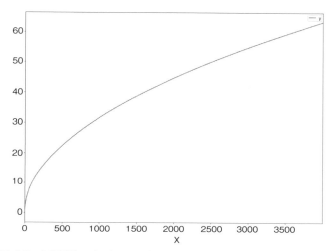

● **図 4.2** 収穫逓減モデル（ $y = bx^a$ ）

　この指数関数のモデルは、収穫逓減が起きる様子を上手にモデリングできることが知られています。また、変数 x の指数となるパラメータ a は、経済学などに頻出でしばしば変数 x の**弾力性**と呼ばれます。

利益・売上・費用

　さて、収穫逓減のモデルを用いることで、費用と生産量の関係を表現できました。次は、本来最大化するべき利益について考えてみましょう。利益は一般に売上と費用を用いて次のように表せます。

$$利益 = 売上 - 費用$$

　ここで**売上と費用の間に収穫逓減のモデルを仮定する**ことで、利益 y と費用 x の関係は次のようなモデルで表すことができます。

$$y = bx^a - x$$

　この式は、 $a = 0.8$ 、 $b = 6.0$ のとき図4.3のようになります。

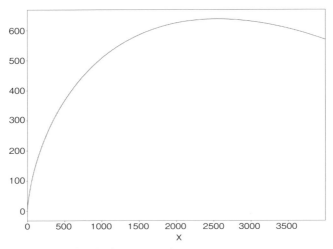

● **図 4.3**　収穫逓減モデル（$y = bx^a - x$）

　グラフから分かるように、$y = bx^a - x$ というモデルは、さまざまな局面でこの利益 y と費用 x の関係を比例のモデルよりも適切に表現できます。

目的関数のモデリング

　さて、出稿額 x と利益 y の関係としてはどうやら $y = bx^a - x$ が適切そうです。そこで実データに対して次のような回帰モデルを仮定して、この a と b を推定することを考えてみましょう。

$$y \sim \mathcal{N}(bx^a - x, \sigma^2)$$

　このような回帰モデルのパラメータ推定を行う方法・ソフトウェアはさまざまなものがありますが、本書では特定の実装の詳細については割愛します。Stan という言語のコードを用いて、このモデルのパラメータを $a = 0.8$、$b = 5.61$ と推定できます[*1]。

[*1]　サンプルコードを以下にアップしています。
　　　https://github.com/ghmagazine/modelingbook/ch4_single_modeling.stan

$$y = 5.61x^{0.8} - x$$

これを図4.1の散布図に重ねてプロットすると図4.4のようになります。

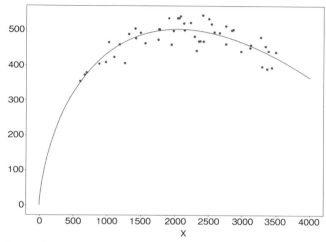

● **図 4.4** 推定結果をプロット

　グラフより推定したパラメータを用いたモデルが、おおよそ過去の実績
に当てはまることが確認できます。

投資戦略の最適化

　モデリングした目的関数を用いて、元の問題を改めて数理最適化問題と
して整理してみます。

$$\textbf{maximize} \quad y = 5.61x^{0.8} - x$$
$$\textbf{subject to} \quad 0 \leq x \leq 4000$$

　この目的関数は、連続で上に凸であることから、極値が唯一の最大値と
なります。したがって次の方程式の解がこの出稿額による利益最大化問題
の最適解となります。

$$\frac{d}{dx}y = 0$$

このことより、出稿金額がおよそ $x = 2000$ のとき、最大の利益 $y = 500$ が期待できることが分かりました。またこの $x = 2000$ という値は、制約条件を満たしてることが分かります。2,000万より多く出稿しても売上は立ちますが利益は増加しません。要するに「過ぎたるは及ばざるが如し」、有名なことわざにもある通りです。

4.3.2　複数の施策に対する最適投資戦略

前項では単一の施策への投資の例を紹介しました。ここでは、ある予算を複数の施策に配分するという状況を考えてみましょう。この問題設定は、オンライン広告に限らず一般的です。多くの企業経営の現場で、複数の計画に対して投資を行い、利益を最大化するという試みが日常的に行われています。

マーケティングの分野に限定して言えば、複数の施策やマーケティングツールを組み合わせて、効率的に消費者や市場から望ましい反応を引き出すためのテクニックは総じて**マーケティングミックス**と呼ばれています。またマーケティングミックスにおける戦略とその結果に関して、数理的な構造をモデリングすることを**マーケティングミックスモデリング**と言います。

さて、例を挙げて説明していきます。今2つの施策への投資に対する利益の過去実績が、図4.5のように得られたとします。合計4,000万円まで投資できるとき、それぞれの施策にいくら投資すればよいでしょうか？

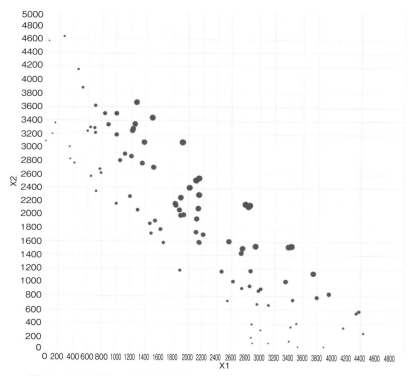

● **図 4.5** 2つの施策への投資額と利益

　図4.5は横軸に施策1への投資額、縦軸に施策2への投資額をとる散布図で、点の大きさがそのときに得られた利益の大きさとなっています。

　この問題を数理最適化の枠組みで解くために、目的関数となる出稿金額と利益の関係についてモデリングを進めます。まずは、この事例の特徴を見てみましょう。一番の特徴は**2つの施策にバランスよく投じたときに大きな利益が得られている**ことです。つまりどちらか効果が良い方に全額を投資する方針はうまくいきそうにありません。さてこのような場合、どのように最適な意思決定を行えばよいでしょうか?

交互作用

　マーケティングミックスにおいて重要なのは、**複数の施策を組み合わせ**

ることで効果を最大化するという視点です。例えば「ディスプレイ広告」
だけの単一の施策の力のみではなく、「値引き施策」×「取り扱い品目の拡
大」×「テレビCM」×「ディスプレイ広告」のように、複数の施策を適切に
組み合わせて消費者に訴えかけていくのが、このマーケティングミックス
の大まかな考え方です。

　複数の施策のうち、お互いが効果を助長もしくは阻害することで現れる
作用を**交互作用**と言います。この交互作用はマーケティングミックスにお
ける大きな興味の1つです。後述しますが、目的関数のモデリングや最適
投資戦略を求めることを難しくする要因にもなります。

　さて具体的に交互作用をモデリングします。それに先立って、施策1へ
の投資額 x_1 と施策2への投資額 x_2 の交互作用が満たすべき性質について
考えてみましょう。交互作用が満たすべき性質は、以下のようなものが考
えられます。

- 2つの施策が同時に実行されて初めて現れる作用である
- 一方の出稿量が他方の効率に影響する

　このような効果を考慮するために、しばしば**施策1への投資額** x_1 **と施
策2への投資額** x_2 **の積である** x_1x_2 **を説明変数に追加**してモデリングを
行います。例えば利益 y と、投資額 x_1、x_2 において交互作用を考慮し
た線形モデルは次のようになります。

$$y = a_0 + a_1x_1 + a_2x_2 + a_{12}x_1x_2$$

　ここで、a_0、a_1、a_2、a_{12} は推定すべきパラメータです。この x_1 と x_2
の積を含む $a_{12}x_1x_2$ の項は**交互作用項**と呼ばれ、交互作用が満たすべき
性質をあらかた満たしていることが分かります。例えば「双方が同時に実
行されて初めて現れること」は、どちらか少なくとも一方が 0 となると
き、この交互作用項も 0 となることが確かめられます。また「一方の出稿
量が他方の効率に影響する」ことも、x_1、x_2 お互いが他方に比例してい
ることから分かります。

　また、ここでは単に積である x_1x_2 を用いていますが、実用上は x_1 や

x_2 を標準化した x_1^* や x_2^* を用いた $x_1^* x_2^*$ を用いる場合があります。また相乗平均である $\sqrt{x_1 x_2}$ などを含む項も総じて交互作用項と呼ばれます。状況に応じて適切な仮説を立てながら、AICなどの適切な評価指標で適切なモデルを選択します。

目的関数のモデリング

さて今回のデータからは、2つの施策にバランスよく投資したときに、より大きな利益が得られることが見てとれます。よって、この利益と投資額のモデルとして、交互作用を考慮した $y = a_1 x_1 + a_2 x_2 + a_{12} x_1 x_2$ が適切そうです。次のような回帰モデルでパラメータである a_1、a_2、a_{12} を推定してみましょう。

$$y \sim \mathcal{N}(a_1 x_1 + a_2 x_2 + a_{12} x_1 x_2, \sigma^2)$$

これは単純な線形回帰モデルです。このパラメータを推定できるソフトウェアにはさまざまなものがありますが、ここではPythonの scikit-learn というライブラリを用いてパラメータを $a_1 = 0.2$、$a_2 = 0.2$、$a_{12} = 0.1$ と推定しました[2]。このことから目的関数は次のようになります。

$$y = 0.2x_1 + 0.2x_2 + 0.1x_1 x_2$$

過去の実績と合わせてみると、おおよそ当てはまっていることが確認できます。繰り返しにはなりますが、このモデルも数ある仮説の1つであり、実際には複数のモデル・仮説を立て、なんらかの意味で「当てはまりの良さ」を評価した上でモデルを決定します。

投資戦略の最適化

モデリングした目的関数を用いて、あらためて数理最適化の問題を整理してみます。

---

[2] サンプルコードを以下にアップしています。
https://github.com/ghmagazine/modelingbook/ch4_interaction_modeling.ipynb

$$\textbf{maximize} \quad y = 0.2x_1 + 0.2x_2 + 0.1x_1x_2$$

$$\textbf{subject to} \quad x_1 + x_2 \le 4000$$

さて最適解を求めてみましょう。まず目的関数は、x_1、x_2 のいずれも単調増加であることから、最適解の候補は最大限予算を使う $x_1 + x_2 = 4000$ を満たす戦略に候補を限定できます。この制約条件を x_2 について整理すると次の式が得られます。

$$x_2 = 4000 - x_1$$

これを目的関数に代入して整理すると、先の条件を満たす目的関数は以下のように書き直すことができます。

$$y = 0.2x_1 + 0.2x_2 + 0.1x_1x_2$$

$$= 0.2x_2 + 0.2(4000 - x_1) + 0.1x_1(4000 - x_1)$$

$$= -0.1x_1^2 + 400x_1 + 800$$

これは x_1 に関する上に凸な二次関数なので、最適戦略は次の方程式を満たすことが分かります。

$$\frac{d}{dx_1}y = 0$$

これを解くと

$$\frac{d}{dx_1}y = 0$$

$$\Leftrightarrow -0.2x_1 + 400 = 0$$

$$\Leftrightarrow x_1 = 2000$$

より、最適投資戦略である $(x_1, x_2) = (2000, 2000)$ が得られます。

このように、交互作用を考慮したモデルにおける最適化問題では、多く

の場合「効果の良い方に全額」のような単純な戦略が通用しないため、数理的に厳密な考察が必要になるのです。

4.3.3　時系列の施策に対する最適投資戦略

現実の施策の中には、その瞬間だけ影響を及ぼすというよりは、むしろ実施後しばらく影響を及ぼし続けることがあります。このような現象が適切にモデル化できれば、長期的な影響を考慮した投資戦略を立てることができます。

例を挙げて解説します。2つの施策への投資に対する利益の過去実績が1週間ごとに表4.2のように得られたとします。合計4,000万円まで投資できるとき、それぞれの施策にいくら投資すれば良いでしょうか？

週	施策1	施策2	利益
1	1000	500	700
2	0	0	100
3	0	1000	400
4	2000	1000	1600
5	2000	0	1200
6	0	1000	400
7	0	1000	600
8	0	0	200
9	0	1000	400
10	500	1000	850
11	0	0	200

■ **表4.2**　2つの施策への投資額と利益

前項の例と異なる点は、過去実績に時間の情報があることです。また表をよく見てみると、一切施策を行っていないときも利益が大きく変動しており、**直前の施策の影響が残っている**ことが見込まれます。つまり単純な

$$y = a_1 x_1 + a_2 x_2$$

のようなモデルでは、この直前の施策の影響を上手にモデル化できそう

にありません。さてこのような現象はどのようにモデリングすればよいのでしょうか。

残存効果

ある時点の施策がその後も影響を与え続ける効果を**残存効果**と言います。多くの場合はこの残存効果は小さくなりながら後の期に影響を与えていきます。施策 i の時刻 t における投資額を $x_i(t)$ と書くとします。このとき、時刻 $t - k$ における投資の残存効果は減衰率 $L \in (0, 1)$ を用いて次のようにモデル化できます。

$$[\text{時差 } k \text{ の残存効果}] = a_i L^k x_i(t - k)$$

ここでこの L^k はその効果が時間に対して指数的に減衰することを表現しており、この減衰のモデルは**指数関数的減衰モデル**、もしくは単に**指数減衰モデル**などと呼ばれます。

ここではこの減衰率 L が推定すべきパラメータです。指数減衰モデルの残存効果をどれくらい考慮するかは、事前に仮説として立てておきます。例えば施策 2 に対して n 期前までの残存効果を考慮する線形モデルは、残存効果の総和を用いて次のように表せます。

$$y(t) = a_1 x_1(t) + \sum_{k=0}^{n} a_2 L^k x_2(t - k)$$

ここで、 $y(t)$ は時刻 t における利益を表します。ただし $t = 0, -1, -2, \dots$ における投資額は $x_2(t) = 0$ とします。

さて、数式上は残存効果を上記のようにモデル化できることが分かりましたが、ここでは実用上のモデルを作る際の思考プロセスについて少し言及します。残存効果についてモデル化を行う際は、まずは与えられた目的変数と説明変数の間に残存効果が期待できるかどうかを考えます。以下にいくつか、残存効果を検討する場合としない場合の具体例を挙げてみます。

「結果がその瞬間の状態だけで決まる」ような場合は、残存効果を検討しないことが多いようです。具体例として以下を挙げます。

- おもりの重さとバネの伸び
- 夏の気温に対する電力消費

一方で、ビジネスの現場において主に人間の記憶に依存するような場合は、残存効果を考慮することが多い印象です。具体例として以下を挙げます。

- テレビCMの出稿金額に対する認知率
- 学習時間に対する試験の点数

また、どれくらいの期間の残存効果を考慮するのかは、まずは直感で大まかに当てをつけるとよいでしょう。テレビCMであれば、自分の記憶をもとにどれくらい前のテレビCMを覚えているかを想像してください。筆者の場合、一度見たテレビCMはおよそ2週間程度は覚えているという直感があるので、2週前までの残存効果を考慮した次のようなモデルを立てます。

$$y(t) = a_1 x_1(t) + a_2 x_2(t) + a_2 L x_2(t-1) + a_2 L^2 x_2(t-2)$$

実用上はその「2週間程度」という期間のもっともらしさを裏付けるために、前後1から4週間程度の残存効果を加味したモデルを同時に立てた上で、適切なモデルを選択するというプロセスを経ます。

$$y(t) = a_1 x_1(t) + \sum_{k=0}^{1} a_2 L^k x_2(t-k)$$

$$y(t) = a_1 x_1(t) + \sum_{k=0}^{3} a_2 L^k x_2(t-k)$$

$$y(t) = a_1 x_1(t) + \sum_{k=0}^{4} a_2 L^k x_2(t-k)$$

　最適なモデルを選択するために、実データからそれぞれのパラメータを計算した上で、AIC など何らかの情報量基準や尺度を見たり、推定したパラメータを可視化・比較するなどのステップを経て、最終的に自分が最も適切だと思う残存効果の長さを決定します。それ以外にもクオーターなど経営上のマイルストーンで投資対効果を計測する必要がある場合は、その最長の期間を 3 ヶ月などとしますが、これも実用上有効なモデルの絞り込み方と言えます。後述しますが、意思決定に用いるモデルの選択は直感的な納得度が重要です。ここではひとまず 1 週の残存効果を考慮したモデルを採用することにします。

目的関数のモデリング

　今、このモデルにはどうも残存効果を考慮する必要があると見込んでいます。本来はこの残存効果の考慮期間に関してモデル選択のステップが必要ですが、ここではモデリングの説明に焦点を当てるため、この期間をいったん 1 週間としてモデル化します。つまりモデルとしては $y(t) = a_0 + a_1 x_1(t) + a_2 x_2(t) + a_2 L x_2(t-1)$ を採用します。そこでこのパラメータである a_0、a_1、a_2、L を推定するため、次のような回帰モデルを用います。

$$y(t) \sim \mathcal{N}\left(a_0 + a_1 x_1(t) + a_2 x_2(t) + a_2 L x_2(t-1), \sigma^2\right)$$

　このモデルは残存効果の項にパラメータの積の項があり、推定には少し工夫が必要になります。さまざまな計算方法が考えられますが、ここでも減衰率に $L \in [0,1]$ といった制約を考慮した推論が可能な Stan という言語を使用しています。パラメータは $a_1 = 0.5$、$a_2 = 0.4$、$L = 0.5$ と求めることができます[*3]。

---

*3　サンプルコードを以下にアップしています。
　　https://github.com/ghmagazine/modelingbook/ch4_residual_modeling.ipynb

投資戦略の最適化

さて、得られたモデルより目的関数を定め、ここでも同様に数理最適化問題として定式化していきますが、目的によってその定式化は次の2つの場合に分けられます。1つは施策に投資した週のみの利益を最大化する目的の場合と、もう1つは残存効果も加味した最終的な合計の利益を最大化する目的の場合です。

前者の場合は残存効果が得られることを考慮せず、次のような最適化問題に帰着させることができます。

$$\textbf{maximize} \quad y = 0.5x_1 + 0.4x_2$$
$$\textbf{subject to} \quad x_1 + x_2 = 5000, \; x_1 \geq 0, \; x_2 \geq 0$$

このとき、単純に効率が良い施策1に全額投資する $(x_1, x_2) = (5000, 0)$ が最適解となります。

一方で残存効果を加味する場合はどうでしょう。施策2の投資効果に関して、その週の $0.4x_2$ の他にも翌週の $0.2x_2$ も合わせて期待できることが分かります。このことを考慮すると、残存効果を加味した利益の最適化問題は次のようになります。

$$\textbf{maximize} \quad y = 0.5x_1 + 0.6x_2$$
$$\textbf{subject to} \quad x_1 + x_2 = 5000, \; x_1 \geq 0, \; x_2 \geq 0$$

すると今度は施策1と施策2の効率が逆転し、最適解は $(x_1, x_2) = (0, 5000)$ となることが分かりました。残存効果を適切にモデリングすれば、その施策が将来にわたって与える影響を把握でき、また適切な期間における最適な投資戦略を計算できます。

4.4 投資戦略最適化の実用例

前節までに、単一の施策への投資計画と複数の施策への投資計画におけ
る典型的な難しさを紹介しました。しかしながら実務においては、これら
の複数の要素を加味しながら、どうにかうまくフィットするモデルを探す
ことになります。本節では、いくつかの典型的なシチュエーションとそれ
に対応するモデル式を紹介します。読者のみなさまが身の回りの現象をモ
デリングする際、なんらかの手がかりになるはずです。

4.4.1 祝祭日の影響を考慮する

次のような状況について考えてみましょう。

- 売上をインターネット広告と交通広告への投資額でモデル化したい
- 交通広告には、祝祭日の影響を加味したい

このような場合は、売上 y をインターネット広告への投資額 x_1 と交通
広告への投資額 x_2 でモデル化します。ただしこの交通広告については祝
祭日という要因を加味するため、データに加えて施策の実施日が祝祭日で
あるかどうかのダミー変数[*4] d を使います。交通広告に対する祝祭日の影
響をモデリングするためには、この d と x_2 の交互作用を取り入れたモデ
ルを使用するとよいでしょう。

$$y = a_0 + a_1 x_1 + a_2 x_2 + a_3 d x_2$$

ここで a_0、a_1、a_2、a_3 はパラメータです。このパラメータ a_3 の符号
が正のとき、祝日であることは交通広告の効果にプラスの影響を与えるこ
とが分かります。また、最適化の問題に帰着させる際は、求めたパラメー

[*4] 真偽値を数値として表した変数。真ならば 1、偽ならば 0。

タを用いて、平日の交通広告投資額 x_{21} と祝日の交通広告投資額 x_{22} を別の施策として表した次のような目的関数を用いるとよいでしょう。

$$\text{maximize} \quad y = a_0 + a_1x_1 + a_2x_{21} + (a_2 + a_3)x_{22}$$

4.4.2 収穫逓減を仮定した複数の施策

次のような状況について考えてみましょう。

- 売上を n 個の施策への投資額でモデル化したい
- 施策の効果には収穫逓減を仮定したい
- 最終的には利益を最大化したい

このような場合、まずは売上 y^* と投資額 $x_1, x_2, \ldots x_n$ に対して、次のようなモデルを用いるとよいでしょう。

$$y^* + 1 = e^b \prod_{i=1}^{n} (x_i + 1)^{a_i}$$

両辺の量に1が足されているのは、推定のためのテクニックです。この両辺の対数をとると

$$\log\left(y^* + 1\right) = \sum_{i=1}^{n} a_i \log\left(x_i + 1\right) + b$$

となり、これは通常の線形回帰のモデルと同じテクニックで、パラメータである a_1 、$a_2, \ldots a_n$ および b を求めることができます。1を足したのは、対数関数 $\log x$ が $x = 0$ で未定義であることや $\log x$ が常に正または0の値をとるようにするためです。また最適化をする際は同様に売上 y^* からコスト $\sum_{i=1}^{n} x_i$ を差し引いた利益 y を最適化するために、次のような最適化問題を解けばよいでしょう。

$$\text{maximize} \quad y = \left(e^b \prod_{i=1}^{n} (x_i + 1)^{a_i} - 1 \right) - \sum_{i=1}^{n} x_i$$

この式は $y = y^* - \sum_{i=1}^{n} x_i$ と等価で、式変形の結果 -1 の項が残っていますが、最適化問題においてはこの定数は結果に影響を与えないので無視できます。

4.4.3 モデル選択

実務の現場では、このようにさまざまなテクニックを用いた実績となるモデリングと、将来の最適化を繰り返していきます。また、1つの問題に対して何通りもの仮説・モデルを立てることができますが、そのような場合も最適なモデルを1つ選択しなければなりません。参考までに、モデル選択の基準を以下に挙げます。

- AICなどの統計的な予測力に関する基準
- 交差検証による実験的な汎化性能に関する基準
- 決定係数 R^2 などの誤差に関する基準
- パラメータの推定のしやすさ
- 最適化問題の解きやすさ
- 求めたパラメータの解釈しやすさ

モデル選択については、今も理論的・実験的な観点から活発に議論されています。しかしながら実務で意思決定を行う際に最も重要な観点は、***ほどよく当てはまり、ほどよく推定がうまくいき、ほどよく最適化できるモデルを、周囲の合意をとった上で使う***ことです。どんなに理論的に当てはまりが良いとされるモデルでも、「考慮されてない要素がある」もしくは「推定されたパラメータの大小に違和感がある」など、直感的に正しくなさそうなモデルを元に意思決定をしても、大抵の場合はうまくいかないものです。元も子もない話ですが、最適化のためのモデリングを行う際は、そのドメインに詳しい人にそのモデル式の根拠となる仮説を根気強く説明した上で納得してもらうのが、一番良いモデルになることが多いものです。

4.5 まとめと参考文献

　本章では、数理最適化を用いた投資戦略の最適化について、かなり単純化した例を解説しました。抽象度の高い問題設定を身につけると、ありとあらゆる問題がこの枠組みで解決するのではないか、という錯覚に陥りそうになります。しかしながら、もちろんこの枠組みが不適切な例も経験上存在します。

　代表的な例に、創造的な意思決定の問題があります。レストランにおいて「どんな料理を出せばよいか？」のような問題が該当します。追加する料理の種類や盛り付け、価格などの意思決定の種類は数え切れません。経営資源の配分問題は、あくまで割り当てる資源の量を決める問題で、その配分先が有限個の問題を抽象化しています。そのような創造的な問題に、経営資源の配分問題の枠組みを強引に適用しようとすると、往々にして重要な選択肢を見落とす危険があります。

　また**過去実績がないような新しい選択肢に資源を投入する**場合も、モデル適用には慎重になった方がよいでしょう。近年のデジタル広告や暗号資産のように、突如現れた新しい選択肢に対しては十分な評価が難しいため、本章で紹介した目的関数のモデリングの前に、その選択肢を正しく評価するために必要なデータを手に入れるという手順が必要になります。このような状況の手助けになる理論体系の1つに**実験計画法**があります。実験計画法は、仮説検証のために必要な情報を集めるための考え方がたくさん詰まっています。

　数理最適化による経営資源の配分問題がうまく機能するためには、「**得たい結果がこの要素によって影響を受け、この要素にのみ影響を受ける**」という仮説が、ドメイン知識に基づいた上で（特にビジネス的な）筋が通っていることが重要です。一方で非常に抽象的なテクニックでもあるため、みなさまの身の回りにも適用できるデータがたくさんあるはずです。時間や材料、資金などの配分の話題になったときは、本章の考え方が役に立つでしょう。

参考文献

- 小西貞則, 北川源四郎 著,「情報量基準」, 朝倉書店, 2004.
- 小西貞則 著,「多変量解析入門」, 岩波書店, 2010.
- 久保拓弥 著,「データ解析のための統計モデリング入門」, 岩波書店, 2012.
- 寒野善博, 土谷隆 著,「最適化と変分法」丸善出版, 2014.
- 中川裕志 著,「機械学習」, 丸善出版, 2015.
- 三輪哲久,「実験計画法と分散分析」, 朝倉書店, 2015.

## 第 5 章

オンライン広告

　インターネットの登場に影響を受けた業界の1つに広告業界があります。広告枠の取引形態にはさまざまなモデルがありますが、オークションによって広告枠の価格を決定するRealTimeBiddingというしくみがあり、その価格の妥当性をゲーム理論という一風変わった数学を用いて説明しています。本章では広告業界とインターネットの関わりとゲーム理論の活用について紹介します。

5.1　広告とWeb

　近年、私たちの生活の中でも、ますます多くの情報がインターネットを経由して流通するようになりました。そしてインターネットを経由して情報を提供するWebサイトや情報端末で動作するアプリケーションは、次第に重要なメディアとして認識されるようになっています。このようなメディアの大きな収入源の1つに広告収入があります。

　広告収入の構造は、広告枠のデジタル化によって大きく変化しました。一般的に広告枠の価格は、広告在庫の需要と供給を反映して数日から数ヶ月の期間ごとに見直されます。一方、インターネット上の広告では、時間帯やその広告を見る人（オーディエンス）の性質に応じて動的に価格を決定するしくみがより一般的になったのです。

　この動的な価格決定を実現する方法の1つに、**2位価格オークション**（**2nd Price Auction**）があります。本章では、ゲーム理論という一風変わった数学にふれたうえで、2位価格オークションを取り巻く背景とその理論的な美しさを紹介します。

　広告の役割などについては2章にも言及がありますが、本章では広告業界におけるインターネットの役割や、インターネットがもたらした変化、インターネット独特の技術に焦点を当てて紹介します。

5.1.1　広告とメディア

　まずインターネット上の広告を取り巻く環境を説明するために、伝統的な広告と広告代理店の役割について紹介します。

　私たちが何か広く人々に伝えたい情報があるとき、どのような方法をとればよいでしょうか？　知人や親族を通じてその情報を拡散するのも1つの手段ですが、新聞やテレビなど、普段から多くの人々が目にする媒体に伝えたい情報を掲載することはより効率的な方法の1つで、これを**広告**（advertising）と呼びます。また、多くの人の目にふれる媒体を**メディア**（media）と言います。この広告に関する主な登場人物を整理します。

- メディアを通じて情報を発信する人または組織：**広告主**（advertiser）
- メディアを開発・運営する個人または企業：**パブリッシャー**（publisher）
- メディアを通じて情報を受け取る生活者：**オーディエンス**（audience）

　広告主の多くは、自社の製品やサービスに関する情報を広く人々に伝えたい企業です。提供する製品やサービスの特徴を多くの人に伝えることで購買を促すことが目的です。例えばチェーンストアが広告主であれば、広告によって、どの程度の品質の、どんな価格帯の、どんなテイストのアイテムを、どこの店舗で取り扱っているのかなど、供給する商品に関する情報をメディアを利用して幅広く伝え、購買を促すことを考えます。

　近年では、テレビ・ラジオ・雑誌・新聞にWebメディアを加えてこれらをマスコミ5媒体などと呼びます。メディアは情報の販売収入以外にも、広告主から広告収入を得ていることが大きな特徴で、メディアによっては収入の大部分が広告収入ということもあります。メディアは広告主が情報を届けたいオーディエンスへの接触機会を増やすことで、広告枠の価値向上に取り組んでいます。

　そのとき、オーディエンスに関する情報は、メディアの広告価値を決める重要な情報と言えるでしょう。オーディエンスは広告主の都合でしばしば年齢・性別・居住地などの属性で分類されます。商品を開発する立場であれば「都心に住む20代女性」のように年齢・性別・居住地などによって購入顧客像をあらかじめ想定することが商品開発の大きな軸となるからです。ときにはどのようなメディアに、どのようなオーディエンスが接触するのかを軸に商品開発が始まることすらあります。

5.1.2　広告代理店とメディアレップ

　メディアが持つ広告を掲載するための余白を広告枠と言います。広告主はメディアからこの広告枠を購入することで広告を掲載します。近年ではマスコミ5媒体の他にも、交通広告や各種デジタルサイネージによる屋外

広告などをはじめとした広告枠の開発が活発となり、それにともなってメディアの多様化が進んでいます。これまで単純だった購入手続きや管理、そして予算配分などの意思決定が次第に複雑になっていきます。

そのため現代では、**広告代理店**（Agency）が広告主に代わって多数のメディアから広告枠を買い付けることが一般的で、いわば広告枠の卸売を行っています（図5.1）。加えて、広告主よりもメディアやメディアと関連が深いオーディエンスについて熟知していることを期待され、広告主に対して総合的な広告戦略・商品開発戦略の相談役として機能していることが多いようです。

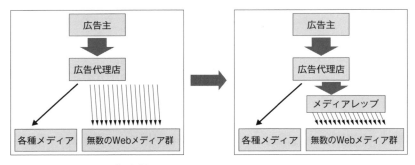

● **図5.1** メディアレップの役割

Webメディアは広く浸透し、個人や組織を問わずWebメディアとして振る舞う媒体は爆発的に増加しました。このWebメディアの数は新聞社やテレビ局の数とは比較にならないほど多く、この膨大な数のメディアとのやりとりは、広告代理店にとって大きな負担となります。そこで多数のメディアと広告代理店のやりとりを請け負う企業が現れるようになります。これらの企業を**メディアレップ**と呼びます。

5.1.3　自動広告取引

メディアレップの台頭によって、重要な課題が顕在化します。広告枠の抽象化が進みオーディエンスとのコミュニケーションが見えづらくなると、広告主にとってはそれぞれの広告枠にどの程度の価値があるのかを正

確に見積もることが難しくなったのです。

そこで広告枠をソフトウェアによって自動的に取引するしくみが考案されました。主な取引形態の1つに **OpenRTB**（ORTB）があります。広告の自動取引は、複数の広告主に代わって広告枠を自動的に評価するための **Demand-Side-Platform**（DSP）と、メディアレップに代わって広告枠やオーディエンスの情報をの情報を提供する **Sell-Side-Platform**（SSP）によって構成されますが、このDSPとSSPの間の取引ルールを定めるのがORTB です。

Web広告の最大の特徴は、広告表示（Impression）ごとに広告枠を取引できることです。新聞の朝刊の広告枠などは、発行部数によらず1日の掲載ごとに価格が決まっていることが多いようです。対してWeb広告の取引形態を新聞広告に例えるならば、新聞の購入者がページ紙面をめくるたびに、広告枠の取引が見直されていることに相当します。

では実際のORTBを通じた取引について見てみましょう（図5.2）。

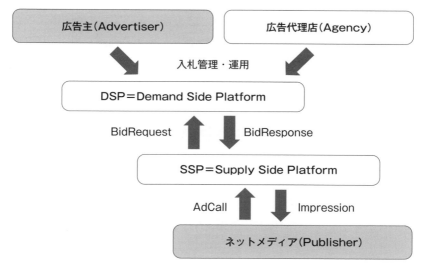

● **図 5.2** OpenRTBのしくみ

まず広告枠を含むメディアをオーディエンスが閲覧すると、その閲覧したオーディエンスやメディアの識別子などの情報をSSPに送信します。こ

れを **AdCall** と言います。AdCall を受け取った SSP はその Impression を広告主に売るために、DSP に対してその AdCall に対する入札要求を送ります。この SSP から DSP に対する入札要求を **BidRequest** と言います。BidRequest には AdCall から得られる情報の他にも、価格決定方法や応答期限などの取引に関するルールが記録されています。続いて DSP 側は、それぞれの広告主にとってその広告枠にどの程度の価値があるかを見積もり、その情報を付加した上で内容を SSP に返信します。これを **BidResponse** と言います。この時点で SSP は、1 つの BidRequest に対して複数の BidResponse を受け取ることになります。SSP はその中から何らかのルールで最適と思われる BidResponse を 1 つ選択して広告枠を取引することで、実際にオーディエンスに対して広告主の広告が表示されるのです。この AdCall が発生してから実際に広告が表示されるまでの時間はおよそ数十ミリ秒程度で、それくらい高速かつ高頻度で広告枠の取引が見直されているのです。

SSP が BidResponse の中から 1 つの Response を選択する際のルールには、オークションに基づくルールを選択できます。代表的なものでは最も高値を付けた広告主が自身の入札額で広告枠を落札する **1 位価格オークション** と、最も高値を付けた広告主が 2 番目に高い入札額で落札する **2 位価格オークション** があります。ORTB 上ではこの 2 つ以外にもさまざまなルールで広告取引をすることが可能となっています。

5.1.4　1 位価格オークションと 2 位価格オークション

1 位価格オークションと 2 位価格オークションについて比較してみましょう。1 位価格オークションにおいて、入札者はどのようにして入札額を決定すればよいのでしょうか？ 例えば 100 円玉が競りにかけられているとします。もちろんこの 100 円玉は入札者にとっても 100 円の価値があります。1 位価格の場合では、単に 100 円で入札しても、自身の入札額である 100 円を実際に支払うことになり、一切利益を受け取ることができません。そこで自身の利益を割り引いた 100 円よりも低い価格で入札することを考えますが、今度は、安すぎる価格で入札しても落札が困難になる一方で、ギリギリの 99 円で入札しては 1 円程度の小さな利益しか得ることが

できません。そのため入札者は、本当の価値からどの程度割り引いた価格で入札すればよいかという比較的難しい問いを解くことを強制されてしまいます。

一方、2位価格オークションを用いると、適切な仮定のもとで広告主がすべてのBidRequestに対して、その枠の正しい評価額で入札することが最適であることが理論的に証明されています。

次節では、ゲーム理論を用いたオンラインにおける広告取引のメカニズムついて紹介します。ゲーム理論は、意思決定の主体が自分だけでなく複数いる場合に最適な戦略を見つけるための数理モデルです。オークションの枠組みでは、入札者は複数名存在するため、少し考察が難しくなります。オークションを開催する立場になって、ゲーム理論を用いた2位価格オークションのモデルの理論的な美しい性質について解説します。

5.2 オンライン広告のオークション

5.2.1 ゲーム理論

ゲーム理論は、意思決定主体が複数いる場合の最適化問題であると説明しました。

ゲーム理論が扱う典型的な問題の1つにじゃんけんがあります。例えば1対1のじゃんけんにおいて、それぞれのプレイヤーは {"グー","チョキ","パー"}という3つの選択肢を持っています。この戦略の集合の中から1つを選んでみましょう。当然のように、このゲームの結果は相手のプレイヤーの戦略にも影響を受けます。例えばあなたがグーを選んだとき、相手がパーならば負け、グーならばあいこ、チョキならば勝ちといった具合です。さて、あなたはこのときどのような戦略をとるべきでしょうか？

もう1つ例を挙げます。これは囚人のジレンマという有名な思考実験です。

あなたは、相棒と2人で銀行強盗を実行した。その後、警察は武器を所有しているあなたと相棒を逮捕したが強盗については決定的な証拠を持っていないらしい。警察はあなたと相方に銀行強盗の罪について自白させたい。あなたは相棒と別の部屋に連れて行かれ、次のような取引を持ちかけられた。

「このままお互い黙秘を続けても、武器不法所持の罪で1年程度の懲役になる。もしあなただけが自白をしてくれれば、協力の見返りとしてあなたをそのまま釈放し、協力的でない相棒は10年の懲役だ．お互いが自白したとしても、捜査に協力したとして懲役10年の罪を懲役5年まで減刑することができる。そしてこの相談をいまあなたの相方にも持ちかけている」

犯人の立場になってみましょう。一見、決定的な証拠を掴まれていない以上、お互いが黙秘を続けて1年の懲役に服するのが最善の判断に思えます。しかしながら、考えれば考えるほど自白が魅力的に思え、お互いが黙秘をするという結果は実現が難しそうだということが分かります。このモヤモヤする感じは、一体何によって引き起こされているのでしょうか？

これらの2つの例のように、意思決定の主体が複数ある状況をモデル化してみましょう。

戦略型ゲーム

まずはじゃんけんの例です。全プレイヤーの集合は有限個の要素からなる集合と対応させることができます。そこで**プレイヤー**の集合を $N = \{1, 2, \cdots, n\}$ と書きます。特に1対1のじゃんけんでは自分と相手の2人がプレイヤーなので $N = \{1, 2\}$ となります。

次に戦略です。それぞれのプレイヤーごとに、とり得る戦略の集合を考えてみましょう。このプレイヤー $i \in N$ がとり得る**戦略**の集合を S_i と書きます。この戦略はじゃんけんのように有限個の要素から構成されることもあれば、入札額のように無限個の要素の集合からなることもあります。じゃんけんの例では、すべての $i = 1, 2$ に対して $S_i = \{$"グー", "チョキ", "パー"$\}$ となります。

また、全プレイヤーの戦略の集合の直積を $S = \prod_i S_i$ とします。また S の元となる、各プレイヤーの戦略の組 $\mathbf{s} \in S$ を**結果**と言います。例えば、あなたがグーを、相手がパーを出したときの結果は $\mathbf{s} = ("グー", "パー")$ と表すことができます。

各プレイヤーはゲームの結果に応じて何らかの報酬を得ます。ここで、結果 $\mathbf{s} \in S$ に応じてプレイヤー $i \in N$ が得る報酬を対応させる関数 $u_i : S \to \mathbb{R}$ を**利得関数**、プレイヤー i が得る報酬 $u_i(\mathbf{s})$ を**利得**と言います。

例えば1対1のじゃんけんで、勝者に1点、敗者に-1点、あいこのときにはお互いに0点が与えられるようなゲームでは、結果 $\mathbf{s} = ("グー", "パー")$ に対して両者の利得 $u_1(\mathbf{s}) = -1$、$u_2(\mathbf{s}) = 1$ が定まります（表5.1）。

自分＼相手	グー	チョキ	パー
グー	(0, 0)	(1, -1)	(-1, 1)
チョキ	(-1, 1)	(0, 0)	(1, -1)
パー	(1, -1)	(-1, 1)	(0, 0)

■ **表5.1** じゃんけんの結果と利得

この3つの要素、プレイヤー、戦略、利得の組である $G = (N, S, \{u_i\}_{i \in N})$ で表すことができるゲームを**戦略型ゲーム**、もしくは**標準型ゲーム**と言います。

支配戦略均衡

戦略型ゲームにおいて、すべての人物が合理的に振る舞ったときに得られる結果をゲームの**解**と言います。何をもって合理的とするかについてはさまざまな解釈があるため、採用する「合理的さ」ごとに解の概念が存在することになります。ここでは後述するオークションの説明に用いる弱支配戦略均衡と呼ばれる解と、また戦略型ゲームにおける重要な解概念であるナッシュ均衡について紹介します。

囚人のジレンマゲームの利得を表5.2で見てみましょう。ここでは懲役1年あたりの利得を-1としています。

自分＼相手	自白	黙秘
自白	(-5, -5)	(0, -10)
黙秘	(-10, 0)	(-1,-1)

■ **表 5.2**　囚人ジレンマゲームの利得表

　あなたにとって、自白という戦略はとても魅力的に思えるはずです。な
ぜなら、相手が自白した場合は、あなたも自白をすることで刑期を5年短
くできますし、また逆に相手が黙秘した場合でも、あなたは自白すること
で刑期を1年短くできます。これは双方とも同じ状況なので、この合理性
に基づけば、きっとお互いが自白を選択する $s^* = (''自白'', ''自白'')$ とい
う結果が得られるでしょう。

　このように、あるプレイヤー $i \in N$ の戦略 $s_i^* \in S_i$ が、相手の戦略によ
らずプレイヤー i にとって最善もしくは同等であるとき、この戦略 s_i^*
をゲーム G におけるプレイヤー i の**弱支配戦略**と言います。また、ゲー
ム G において、すべてのプレイヤーに弱支配戦略が存在し、その弱支配
戦略の組からなる結果を**弱支配戦略均衡**と言います。弱支配戦略のうち、
他に同等の戦略が存在しないときはその戦略を単に**支配戦略**と言い、すべ
てのプレイヤーに支配戦略が存在し、その支配戦略の組からなる結果を**支
配戦略均衡**と言います。

ナッシュ均衡

　戦略型ゲームにおける重要な解概念の1つに**ナッシュ均衡**があります。
囚人のジレンマゲームを少し変形した、利得表が表5.3のように与えられ
るゲームを考えます。

自分＼相手	自白	黙秘
自白	(-5, -5)	(-2, -10)
黙秘	(-10, -2)	(-1,-1)

■ **表 5.3**　変形囚人ジレンマゲームの利得表

　表5.2に示す利得表で行う囚人ジレンマゲームとの違いは、自分もしく
は相手のどちらかだけが自白した場合の刑期です。この状況では相手が黙

秘した場合は、自分も黙秘した方が刑期が短くなるのです。つまり、どちらにとっても自白は支配戦略でも弱支配戦略でもありません。しかしながら依然として $s^* = \{"自白","自白"\}$ という結果はある意味合理的に思えます。なぜなら、相手が自白を選択する限りは、自分にとっても自白が自分の刑期を最も短くする戦略となるからです。このような合理性に基づく解を**ナッシュ均衡**と言います。

支配戦略均衡の戦略が他のプレイヤーの戦略に依存せず最善であったのに対して、ナッシュ均衡の戦略は他のプレイヤーの戦略を固定した場合のみ最善となる解です。したがって、支配戦略均衡や弱支配戦略均衡はすべてナッシュ均衡となります。またこのゲームの場合は $s^{**} = \{"黙秘","黙秘"\}$ も同様にナッシュ均衡です。

ナッシュ均衡は支配戦略均衡に比べて、行動への強制力がやや弱い均衡点と言えます。一方で、一般にゲームの解は、ゲームによって解が存在したり、存在しなかったりします。じゃんけんの例では、支配戦略均衡もナッシュ均衡も存在しないことが分かります。ナッシュ均衡の素晴らしい点は、ゲーム G にナッシュ均衡が存在するための必要十分条件が知られていることです。

ここではオークションのモデルに焦点を当てるために証明は割愛しますが、プレイヤー i の戦略として、戦略の集合 S_i の代わりに、S_i 上の確率分布の集合 S_i' を戦略にとり、利得を期待値をもって評価するようなゲームを考えると、利得表のように利得を表せるゲームについては、必ずナッシュ均衡が存在することが知られています。

じゃんけんの例で言えば、グー、チョキ、パーを等しい確率で出す $(\frac{1}{3},\frac{1}{3},\frac{1}{3}) \in S_i'$ という戦略をお互いがとるとき、これはナッシュ均衡となります。

5.2.2　ゲーム理論の視点で見るオークション

ここでは、ORTB で行われているオークションをゲーム理論を用いて定式化します。ここでは**封印入札方式**と呼ばれているオークションについて紹介します。この封印入札方式は、他の参加者の入札額を確認することな

く、また自分の入札額を他の参加者に知らせることなく、一度だけ投票し、その結果に応じて落札者と落札額が決定する方法です。

オークションは、手に入れる人によって対象の財[*1]の価値が異なるときに、その財の価値を決める有効な方法です。ここでは他の参加者の入札額によって、自分にとっての財の価値が変わらないという仮定を置きます。例えば、自分にとって100円の価値があるミカンに対して、10,000円の価値を感じる別の参加者がいたとしても、その自分にとっての価値は100円から変動しないという仮定です。これは例えば、「転売」が存在しないような場合に成り立つ仮定で、この仮定を**独立価値仮定**と言います。

この封印入札方式のオークションは、すべてのプレイヤーが入札額である戦略を申告し、その結果に応じて "落札対象の価値" − "落札額" のように利得が定まる戦略型ゲームとして定式化できます。

5.2.3　2位価格オークション

封印入札方式のオークションは「誰が落札するか」、「いくらで落札するか」、「参加費用はいくらか」の3つで特徴付けることができます。ここで紹介する2位価格オークションを次のようなルールにより定めます。

- 最高の入札額を付けたプレイヤーが落札する
- 落札額は2番目に高い入札額とする
- 参加費用は0円。つまり落札できなくても費用がかからない

ここでは2位価格オークションをゲーム理論の枠組みで定式化し、その仮定のもとでは、とてもシンプルな入札額の決定方法が弱支配戦略であることを確認します。

価値と入札額

プレイヤー i が落札対象に感じる魅力を $t_i \in [0, 1]$ と書き、これをプレ

---

*1　経済学の文脈で，人間に何らかの価値をもたらすもの

イヤー i の**タイプ**と言います。この $[0,1]$ という区間の幅に意味はありませんが、魅力の大きさをひとまず一定の区間内の数値で表すために用います。

プレイヤーのタイプに対して、そのプレイヤーの落札対象の価値を対応させる関数を以下で定義します。

$$v : [0,1] \to \mathbb{R}$$

この関数により、タイプ t_i を持つプレイヤー i にとって、落札対象が $v(t_i)$ の価値を持つことを表します。以降、この価値 $v(t_i)$ を単に v_i と書きます。

同様にプレイヤー i のタイプに対しても、**プレイヤー i の入札額**を対応させる関数を以下で定義します。

$$\beta_i : [0,1] \to \mathbb{R}$$

この関数は、タイプ t_i を持つプレイヤー i が、入札額 $\beta_i(t_i)$ を採用するという戦略を表します。以降この入札額 $\beta_i(t_i)$ を単に b_i と書きます。

コスト

全プレイヤーの入札額の組 $\mathbf{s} = (b_1, b_2, \cdots, b_n)$ は各プレイヤーの戦略の組で、戦略型ゲームにおける結果です。また入札金額を大きい順に並び替えて、大きい方から順に $b^{(1)}, b^{(2)}, \cdots, b^{(n)}$ と書くとします。また、プレイヤー i に注目するとき、プレイヤー i を除いたプレイヤーにおける最高入札額を b^M と書くとしましょう。

プレイヤー i が落札者であるとき、獲得する利得 $u_i(\mathbf{s})$ は次のように表せます。

$$u_i(\mathbf{s}) = v_i - b^M$$

これはプレイヤー i における落札対象の価値から落札額を引いた値です。また、i が落札者でないとき、利得は常に 0 です。

$$u_i(\mathbf{s}) = 0$$

このようにして、封印入札方式2位価格オークションのゲームは $G = (N, \{\beta_i\}_i, \{u_i\}_i)$ なる戦略型ゲームとして定式化できます。

2位価格オークションの解

2位価格オークションにおいて、入札額に自分自身にとっての価値 v_i を用いることは弱支配戦略となり、結果 $s^* = (v_1, v_2, \cdots, v_n)$ は弱支配戦略均衡となります。つまり**2位価格オークションのもとでは単に自分にとっての価値で入札額を決めればよい**ことが知られています。

このことを示してみましょう。ここでは本当の自分の価値を入札額に採用したときの結果を $\mathbf{s} = (b_1, \cdots, b_{i-1}, v_i, b_{i+1}, \cdots, b_n)$ とします。図5.3 の通り、証明では戦略 $b_i < v_i$ と $v_i < b_i$ それぞれで、自分以外の最高落札額 b^M について場合分けを行います。

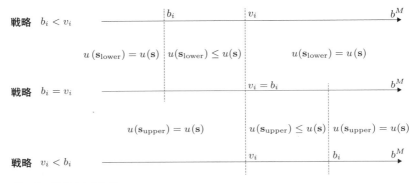

●**図 5.3** 戦略別の落札額

● $b_i < v_i$ なる戦略について

この場合の結果を $\mathbf{s}_{\text{lower}} = (b_1, \cdots, b_{i-1}, b_i, b_{i+1}, \cdots, b_n)$ と書きます。

$b_i \leq b^M \leq v(t_i)$ のとき、入札していないので、落札できれば得られていたはずの $v(t_i) - b^M$ の利得を得ることができません。よって $u_i(\mathbf{s}_{\text{lower}}) \leq u_i(\mathbf{s})$ となります。

$b^M < b_i$ のとき、これは落札に成功して $u_i(\mathbf{s}_{\text{lower}}) = u_i(\mathbf{s})$ となります。

$v_i < b^M$ のとき、これは落札に失敗するため同様に $u_i(\mathbf{s}_{\text{lower}}) = u_i(\mathbf{s})$

となります。

このことから、戦略 $b_i = v_i$ は $b_i < v_i$ を弱支配することが分かります。

- $v_i < b_i$ なる戦略について

この場合の結果を $\mathbf{s}_{\mathrm{upper}} = (b_1, \cdots, b_{i-1}, b_i, b_{i+1}, \cdots, b_n)$ と書きます。

$v_i \leq b^M \leq b_i$ のとき、これは落札に成功しますが、利得は $u_i(\mathbf{s}_{\mathrm{upper}}) = v_i - b^M \leq 0$ と負または0になる、つまり損をすることになります。これは本当の価値以上の額で落札されてしまうことを意味しています。戦略 $v_i = b_i$ を用いていれば、落札に失敗して利得は 0 なので $u_i(\mathbf{s}_{\mathrm{upper}}) \leq u_i(\mathbf{s})$ となることが分かります。

$b^M < v_i$ のとき、落札に成功して正の利得を得るため、$u_i(\mathbf{s}_{\mathrm{upper}}) = u_i(\mathbf{s})$ となることが分かります。

$b_i < b^M$ のとき、落札に失敗するため、同様に $u_i(\mathbf{s}_{\mathrm{upper}}) = u_i(\mathbf{s})$ となります。

このことから、戦略 $b_i = v_i$ は $v_i < b_i$ を弱支配することが分かります。

このことは、すべてのプレイヤー i について言えるため、全員が真の価値を申告する、$\mathbf{s}^* = (v_1, v_2, \cdots, v_n)$ なる結果は弱支配戦略均衡となります。

オークションの参加者にとって、シンプルに入札戦略を導くことができる非常に都合のよいメカニズムであることが分かります。総じてこのようなオークションを**VCGオークション**と言います。また1位価格オークションにおける入札者の戦略にもふれておきます。周囲の入札額を考慮した上で入札しますが、一方他のユーザのタイプを推定・モデリングすることはとても難しいため、最適戦略を求めるのは2位価格オークションに比べてとても難しいと言えます。

5.3　入札戦略

　本節では、ORTBに則って行われる封印入札方式2位価格オークションについて、プレイヤー、広告主と入札者の観点から考察を進めます。ここでいう入札者とはDSPを指します。

　さて、次のようなシチュエーションがあるとします。

　ある広告主が、新商品の販促のために、DSP経由でオンラインディスプレイ広告へ出稿しようと考えています。クリックが発生するたびに、広告主はDSPにあらかじめ指定した金額を支払います。DSPはそれぞれのBidRequestごとに入札額を決めて入札を行います。広告主はどのようにクリックあたりの単価を決定すればよいでしょうか？　またDSPはどのように入札額を決めればよいでしょうか？

　広告主がDSPに対して、クリックあたりに指定した金額を支払う形式をここでは**クリック課金モデル**と言います。またこのクリックあたりの金額は**CPC**（Cost per Click）と呼ばれていることから、このモデルは**CPCモデル**とも呼ばれています。これは最もシンプルな価格決定モデルの1つです。この他にもクリック後の商品の購買や成約を計測することで、成約や購買あたりの単価を固定するCPA（Cost per Action）モデルや、CPCをDSPが最適に設定するなど、今日ではさまざまな広告商品が開発されています。

　本節では最もシンプルなクリック課金モデルについて、広告主、DSPそれぞれの立場になってモデル化を行います。

5.3.1　広告主の意思決定モデル

　CPC固定モデルのもとで、広告主は入札価格には直接関与はしませんが、1クリックあたりに支払う価格であるCPCをDSPに知らせる必要があります。ここではCPCの定め方としてごく単純なアイデアを紹介します。

　まず、1クリックあたりの価値はそのクリックが生み出す利益より小さ

くなければならないという単純なアイデアがあります。例えばその広告を
クリックしたオーディエンスが、ある一定の確率 p でその商品を購入し、
購入あたりの利益が x 円であるとき、1クリックの価値は次のように見積
もることができます。

$$\mathrm{CPC} = px$$

ここで CPC がこの価値を上回ると、クリックされるたびに損失が出る
ことになるため、実際にはこの px から若干の利益を割り引いた値を CPC
として DSP に指定します。

$$\mathrm{CPC} = px - 利益$$

特にオンライン広告の文脈では、オーディエンスが実際に商品を購入す
るなど、自社の顧客に転換することは**コンバージョン**などと言われます。
また、クリックしたオーディエンスがコンバージョンする割合は**コンバー
ジョン率**もしくは**CVR** (Conversion Rate) などと言います。

もちろん、実際の広告にはクリックからの直接的なコンバージョン以外
にも、認知を促進したり、関与を高めたりするなどの結果として得られ
る、副次的な良い影響も想定できます。また CVR はクリックされる曜日
や時間帯によっても異なることは容易に想像できます。そのため近年では
この CPC の最適化を自動的に行うなど、より多様な DSP・アドネット
ワークが考案されています。

5.3.2　入札者の意思決定モデル

さて、次は入札者である DSP が入札に用いる入札額について考察を進
めます。今 DSP は広告主からクリックごとに一定の報酬を受け取ります。
一方で、クリックの有無にかかわらずパブリッシャーに対して落札額相当
のコストを支払う必要があります。

封印入札方式2位価格オークションのもとでは「本当の価値」での入札が
弱支配戦略であることを先に紹介しました。そのため入札者にはこの「価
値」を正確に見積もることが要求されます。この価値は広告主が指定した

CPCを用いて次のように見積もることができます。

$$価値 = CPC \times クリック確率$$

ここで、CPCは広告主が指定する定数であるのに対して、クリック確率は実際に表示されるメディアや広告主の商品やクリエイティブ、そして時間帯などさまざまな影響を受けることが想定されます。そのため**入札額を決定することはこのクリック確率を正確に予測することに帰着されます**。このクリック確率は、オンライン広告の文脈において、しばしば**CTR**（Click Through Rate）と呼ばれています。

実際にはDSPの運営に関する計算機の費用などの入札数に比例するコストも考慮すべきですが、オークションの原理に焦点を当てるためにここでは無視しています。

5.3.3　CTR予測

大まかには、2章で取り扱ったような購買予測とよく似ています。このCTRの予測には**広告主の属性、メディアの属性、オーディエンスの属性**などが考慮されます。このモデルを実現するにはロジスティック回帰などの2値のラベルを学習するモデルを用います。また多くの場合、特徴量間の交互作用が重要な役割を果たします。そこで、交互作用を考慮できるニューラルネットワーク系のモデルやFactrization Machine、そしてGradient Boosting Decision Treeなどの決定木系のモデルが使われることが多いようです。

ここでは変遷の激しい具体的な学習モデルにはふれず、特徴量 $\mathbf{x}$ に対してCTR $f(\mathbf{x})$ を対応させる予測モデルを f とします。

続いてCTR予測のための特徴量を見てみましょう。DSPはSSPからBidRequestを受け取ります。BidRequestの仕様は、本書の執筆時点で以下から確認できます。

- openrtb：https://github.com/InteractiveAdvertisingBureau/openrtb

- AdCOM：https://github.com/InteractiveAdvertisingBureau/ AdCOM

メディアの情報には、メディアのドメインやバナーサイズなどが含まれており、オーディエンスの情報には、トラッキングIDや環境によりユーザのデモグラフィック情報や関心セグメントが含まれていることがあります。DSPは、広告主から商品ジャンルなどの広告の内容に関する情報を受け取ることができます。

このようにして得られた広告主の属性、メディアの属性、オーディエンスの属性を特徴量として、DSPはクリック確率を予測するモデルを配信結果から学習します。

$$CTR = f(\text{"広告主の情報"}, \text{"メディアの情報"}, \text{"オーディエンスの情報"},$$

$$\text{"曜日・時間帯・天気など"})$$

このようなCTR予測モデルを用いることで、入札者であるDSPは入札額を合理的に決定できるのです。一般的にオークションといえば他の参加者との心理的な駆け引きを連想することが多いはずですが、この2位価格オークションというルールは、その駆け引きが発生しないという点で優れていると言えます。

5.4 まとめと参考文献

本章では、広告取引がインターネットを介することによって、大きく効率化された事例とその理論背景について紹介しました。2位価格オークションのもとでは、入札者は合理的な戦略を他の入札者の戦略によらず求めることができます。これは理論的に優れたルールが採用されていることによって実現されています。実はこういった「ルール設計」の問題は、電力などの公共資源の配分を参加者間で決定する際や料理宅配サービスの動

的価格設定などさまざまな局面で実用化されています。この競争関係にある主体間に公平な競争を促すための原理策定の問題は、**メカニズムデザイン**と呼ばれ、さまざまな分野で今も活発に研究が進められています。

　近年では、私たちが携わる業務や手続きの大部分がデジタル化されました。しかし、その多くは単に従来の処理を情報機器で行っているにすぎません。一方でデジタル化された処理においては、従来とは比較にならない量のデータを比較にならない頻度で参照できます。本章で紹介したオークションの原理は、そういったデジタルの強みを生かした典型的な事例と言えるでしょう。もし本書を手に取ったみなさんの周りに、単に従来の業務や手続きをデジタル化しただけものがあれば、メカニズムデザインの考え方を持ち込むことで、破壊的なイノベーションが起こせるのかもしれません。

参考文献

- 鈴木光男 著,「新装版 ゲーム理論入門」, 共立出版, 1981.
- 岡田 章 著,「ゲーム理論」, 有斐閣, 1996.
- 今井晴雄、岡田 章 著,「ゲーム理論の応用」, 勁草書房, 2005.
- Rendle, Steffen, "Factorization machines", 2010 IEEE International Conference on Data Mining, 2010.
- Friedman, Jerome H, "Greedy function approximation: a gradient boosting machine", Annals of statistics, 2001. pp.1189-1232.

第 **6** 章

社会ネットワーク

　本章では人と人が知人・友人であるという"社会関係のネットワーク"に関する数理モデルについて解説します。この社会関係のネットワークは**社会ネットワーク**と呼ばれ、そのモデル化と解析は現実やSNSの知人・友人関係によって引き起こされる現象を理解するための基礎として重要な役割を果たします。

　最初に人と人の間で面識がある・知人・友人であるという社会ネットワーク構造に関する数理モデルの構築について解説し、次にネットワーク上で起こるマクロな現象の例として情報の伝播（情報カスケード）を例に挙げ、その数理モデルの構築について解説します。

6.1　社会関係のネットワーク構造

　社会ネットワークを含むネットワークに着目して現象を理解しようとする学問領域をネットワーク科学と呼びます。ネットワーク科学は1998年のWatts・Strogatzのスモールワールド・ネットワークの論文[1]、その後の1999年のBarabasi・Albertのスケールフリーネットワークの論文[2]をきっかけとして数学・物理学・情報科学・生物学・経済学・社会学・心理学など多岐にわたる科学に大きな影響をもたらしました。

　本節では**社会ネットワーク**を題材として、ネットワーク科学の基礎であるネットワーク構造について解説します。社会関係のネットワークは、各個人（ノード）同士が知り合う（エッジを張る）というミクロなノードの振る舞いによってマクロなネットワーク構造が生成されます。モデル化によってミクロとマクロの関係を知ることができれば、知り合い方（SNSであれば友達推薦のアルゴリズム）を制御することで、ある程度ネットワーク構造に影響を与えることができるでしょう。例えばよりライトな関係が作りやすい気軽なSNSにする、といった具合です。

　最初にモデル化したい現象について述べ、それ以降で数理モデルを作っていきます。

6.1.1　社会関係のネットワーク構造とその生成

　本節で扱う現象は、社会関係のネットワーク構造とその生成過程です。相田さんが井上さんと友達、相田さんと上野さんは互いに面識があるが、井上さんと上野さんは会ったことがない。という関係はネットワークで表すことができます（図6.1）。

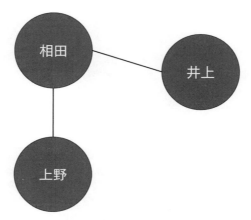

● **図6.1** 社会関係のネットワークの例

　前述の通り、ネットワーク科学については多くの研究がされており、個人では集めることが難しいさまざまなネットワークデータが研究者によって公開されています（例えばスタンフォード大学のSNAP（Stanford Network Analysis Project））。本節ではその研究の中でもFacebookのデータ[3]を利用することにします。そのデータは https://snap.stanford.edu/data/egonets-Facebook.html の "facebook_combined.txt.gz" からダウンロードすることができます。

Facebookの社会ネットワークの構造

　ではそのFacebookの社会ネットワークの構造を見てみましょう（図6.2）。点で示す**ノード**は人を表し、点と点をつなぐ直線を示す**エッジ**はFacebook上で「友達」であることを表します。

　図6.2を眺めてみると、大半のノードはエッジを1つか2しか持ちませんが、一部のノードはたくさんのエッジを持っていることがなんとなく見てとれます。この極端に多くのエッジを持っているノードのことを**ハブ**と呼びます。

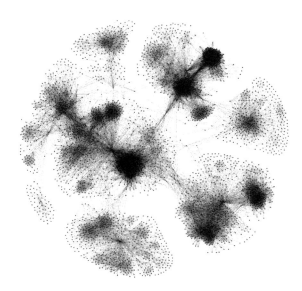

● **図6.2** Facebookのネットワーク

　では、各ノードはどのぐらいの数のエッジを持っているのでしょうか？ノードが持つエッジの数を次数と呼び、本章では k で書きます。図6.3に各ノードの次数の分布を示します[*1]。図6.2で見た通り、偏りが非常に大きいことが分かります。

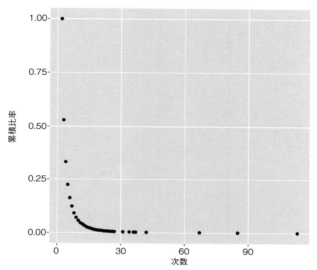

● **図6.3** 次数の累積頻度分布

　ただし、これでは極端すぎてどのような分布形状なのか分かりません。分布形状とは現象のマクロな性質です。その関数の形状を知ることは、マクロな定性的な性質を知ることになります。最も簡単な方法は、対数変換を行って軸のスケールを変えて分布形状を見てみることです。例えば縦軸を対数スケールにすると、指数分布は直線になり、横軸を対数スケールにすると対数正規分布は正規分布の形になるため、関数の形を見定めやすくなります。

　ここでは横軸・縦軸を対数にして表示してみます（図6.4）。

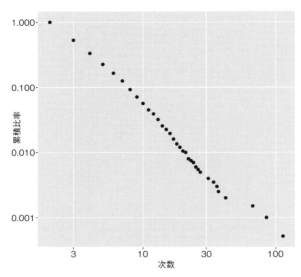

● **図6.4** 次数の累積頻度分布（両対数グラフ）

　先ほどに比べて分布の形が読み取りやすくなりました。このような両対数グラフで直線上になる分布を**べき分布**と呼び、このような分布を生み出す現象を**べき乗則**に従うと言います。両対数グラフで直線上になるということは、次数の分布が $p \propto k^{-\gamma}$、すなわち次数 k のべき乗に発生頻度が比例することを表します。これは、ほとんどの k は小さく、一部の k が非常に大きいことを表します。

　一方で指数分布（$p(k) \propto x^{-k}$; k が指数的に減衰する分布）は、図6.5左のように通常のスケールで見ると、見た目はべき分布とあまり変わりませんが、両対数グラフで見ると、べき分布より早く減衰します（図6.5右）。すなわち非常に大きな k はほとんど存在しないことを意味します。

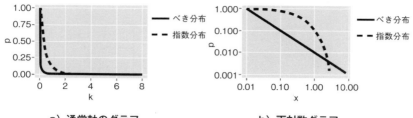

a) 通常軸のグラフ　　　　　　　　b) 両対数グラフ

● **図 6.5**　指数分布とべき分布の比較

　このような次数がべき分布になるネットワークは**スケールフリーネット**
ワークと呼ばれ、次数（知人の数）に偏りが大きいだけでなく、あるノー
ドからあるノードまでノードを伝って移動するときの移動回数がネット
ワークサイズ（ノードの数）に比べて非常に少ない（**最短経路長**が短い）こ
とが知られています。ネットワークの最短経路長が短いという性質は**ス**
モールワールド性と呼ばれます。社会ネットワークとして考えると、「知
人の知人の……」とたどっていくとわずか数回で世界中のほとんどの人
（数十億人）に到達するということです。

　スケールフリーネットワークは社会ネットワークだけでなく、インター
ネット、食物連鎖、論文の被引用関係、タンパク質の相互作用など、この
世界のさまざまな場所・尺度で見られます。そのためネットワークという
観点からさまざまなスケールを横断する普遍的な理論化が期待され、
Watts・Strogatzのスモールワールドネットワーク[1]とBarabasi・Albert
のスケールフリーネットワーク[2]の発見以降、幅広い分野にわたって多く
の研究がされてきました。

　では、ネットワークサイズ N と平均最短経路長 L は、実際のネット
ワークではどのような関係を持つのでしょうか？　図6.6に前述の
Facebookネットワークから N' 個のノードをサンプリングし（取り出し）、
N' と $L(N')$ の関係を調べたものを示します。

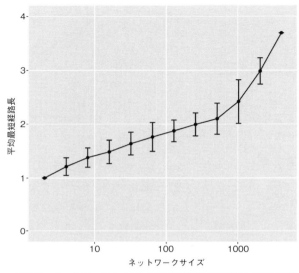

● **図 6.6** ネットワークサイズと平均最短経路帳の関係（x 軸は対数）

　サンプリングは 100 回行い、その平均値を点、標準偏差をエラーバーで表します。ここではサンプリングの方法に**スノーボールサンプリング**を用いました。スノーボールサンプリングとは、ランダムに選んだノードから幅優先探索でつながっているノードをサンプリングし、指定したサンプル個数 N' を満たすまで続けるというものです。ネットワークのサンプリングとしてよく使われる手法で、実際のネットワークからネットワークデータをクローリングする際などによく使われます。ある Twitter アカウントを選んで「「「「そのアカウントをフォローしているアカウント」をフォローしているアカウント」をフォローしているアカウント」……」といった具合です。

　図 6.6 を見ると、 x 軸を対数にしたときに直線状になっていることから $L \propto \log N'$ であることが分かります。ただし N' が大きくなる（図 6.6 では $N' \geq 1{,}024$ ぐらい）とサンプリング元のネットワークサイズ（4,039）の影響を受けるため、その傾向からやや外れます。

　以上から、現実に存在する社会ネットワークは次のような特徴があると言えます。

- 友達の数 k の偏りが大きく、その分布 p はべき乗則（$p \propto k^{-\gamma}$）に従う

- 最短経路長の平均値 L は、ネットワークサイズ N に対して対数的に増加する（$L \propto \log N$）

ここではFacebookデータを用いてこの偏った分布を図示しましたが、現実世界の社会関係（直接面識のある）のネットワーク構造も同様であることが示されています[9]。以降では単純な仮定からはじめて、どのようにすればこの偏ったネットワーク構造が生まれるのかを探っていきます。

6.1.2 ネットワーク構造の生成モデル

格子ネットワーク

最初に最もシンプルな仮定として、近くのノードとつながる（知り合いになる）ことによってできるネットワークを考えてみましょう（仮定1）。近くに住んでいる人とは知人になりやすいため、現実の社会ネットワークを考えるための単純な仮定としては妥当そうです。

概ね均等にノードが存在していると考えると、一次元空間では図6.7a、二次元空間では図6.7bのようになります。これらは**格子ネットワーク**と呼ばれます。このような場合、次数は各ノードで等しく、偏りは生まれず、ハブとなるノードは存在しません。例えば、隣のノードとだけつながるのであれば、一次元空間の次数は2、二次元空間では4です。

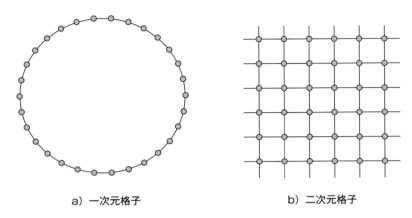

a) 一次元格子   b) 二次元格子

● 図6.7 格子ネットワーク

この場合、平均最短経路長は空間的な距離に比例するため、前節で見た
ような性質とは異なります。一次元ネットワークではノードが直線状に並
んでいるので、最短経路長の平均値はネットワークサイズ N に比例しま
す。 N 個のノードからなる二次元ネットワークでは一辺が $\sqrt{N}$ であるた
め、最短経路長の平均値はネットワークサイズの二乗根 $\sqrt{N}$ に比例しま
す。同様に d 次元の格子ネットワークの平均最短経路長は $N^{1/d}$ になりま
す。

したがって、格子ネットワークは次数分布も平均最短経路長も社会ネッ
トワークの特徴を再現できません。

ランダムネットワーク

次にもう1つのシンプルな仮定として、ランダムに作られたネットワー
クを考えます(仮定2)。具体的にはランダムに選んだノード間に確率 p で
エッジができるというネットワークです(図6.8)。このようなネットワー
クは**ランダムネットワーク**と呼ばれ、多くの数理的な解析研究が存在して
います[4]。

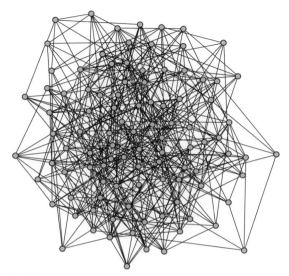

● **図6.8** ランダムネットワーク（$N = 100, p = 0.1$）

　ランダムネットワークは各ノード間に確率 p でエッジが存在するので、次数分布（次数 k のノードの存在確率 $p(k)$ ）は二項分布で求めることができます。またノード数 N が多く、エッジの存在確率 p が小さいときを考えれば、下記のように次数分布は二項分布に従い、p が小さいときにはポアソン分布で近似できます。この条件は社会ネットワークの性質（世界の人口は非常に多く、それに比べて各人の友達の数はずっと少ない）を考えれば妥当だと言えます。

$$p(k) = \frac{(N-1)!}{k!(N-1-k)!} p^k (1-p)^{N-1-k} \approx \frac{e^{-<k>}<k>^k}{k!}$$

　では図6.8のランダムネットワークの次数分布を見てみましょう（図6.9）。前述の考察の通り釣鐘状の分布になっていることがわかります。

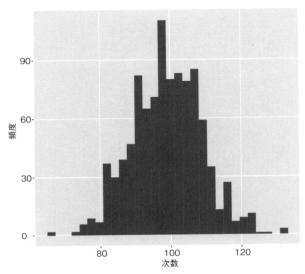

● **図 6.9**　ランダムネットワークの次数分布（ $N = 1000, p = 0.1$ ）

　以上からランダムネットワークの次数分布は指数的に減衰し、べき乗則には従わないことが分かります。したがって社会ネットワークに比べて偏りは小さく、ハブとなるノードは存在しません。またこのときの平均次数 $<k>$ は各ノードのとり得るエッジの本数 $N-1$ に確率 p を掛けて、$(N-1)p$ になります。

　ランダムネットワークの平均最短経路長 L とネットワークサイズ N の関係を図 6.10 に示します。

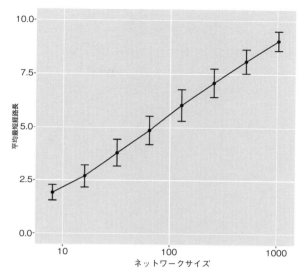

● **図 6.10** ランダムネットワークのサイズと平均最短経路帳の関係（x 軸は対数）

　ランダムネットワークにおいてネットワークサイズ N を変化させて性質を観測する場合には、平均次数 $<k>$ を固定するためにエッジの存在確率 p を $p \propto 1/N$ に設定する必要があります。図6.10では $p = 2/N$ としました。図から $L \propto \log N$ であることが分かります。

　ランダムネットワークの平均最短経路長は

$$L \approx \frac{\log N}{\log <k>}$$

であることが示されています[4]。したがって、平均最短経路長は $L \propto \log N$ であり、現実の社会ネットワークに似た性質を持つと言えます。

　以上から、ランダムネットワークは現実の社会ネットワークについて最短経路長の性質は再現できましたが、次数分布は再現できませんでした。

Watts-Strogatz モデル

　格子ネットワークにランダムネットワークの要素を導入したモデルを考えます（仮定3）。具体的には小さな張替え確率 p でランダムに選んだエッジの片方を切り離し、ランダムに選んだノードにつなぎ替えて作られる

ネットワークです（図6.11）。基本的には近くにいる人とつながるが、まれに遠くに知り合いがいる人もいるという社会ネットワークです。これは**Watts-Strogatz モデル**（WSモデル）[1]と呼ばれます。

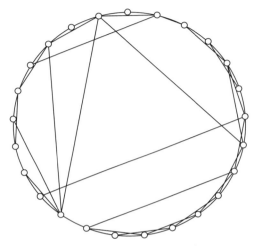

● **図6.11**　Watts-Strogatz モデル（一次元）

　まずWSモデルの次数分布について考えます。張替え確率 p が小さいと、格子ネットワークとほぼ等しくなります。すなわち、他のノードより1つか2つほど多い（少ない）エッジを持つノードは存在するものの、偏りはほとんどありません。p が大きくなるとランダムネットワークに近づき、次数の偏りは大きくなります。$p=1$ でランダムネットワークと等しくなるため、ポアソン分布に従います。これが最も偏りが大きい状態であるため、WSモデルも次数分布がべき則に従うという現象を再現できません。

　WSモデルの平均最短経路長 L とネットワークサイズ N の関係を図6.12に示します。

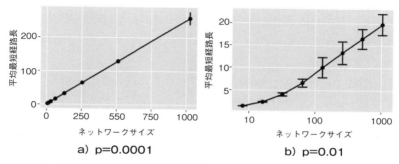

a) p=0.0001　　　　　　b) p=0.01

● **図6.12**　WSモデルのサイズと平均最短経路帳の関係

　WSモデルは格子ネットワークとランダムネットワークの両方の性質を持ち、それが p によって変わるので、p が小さい場合（$p = 0.0001$、図6.12左）と大きい場合（$p = 0.01$、図6.12右）について示しています。$p = 0.0001$ は x 軸は通常のスケール、$p = 0.01$ は対数スケールであることに注意してください。図から p が小さい場合は $L \propto N$、すなわち一次元格子ネットワークと同様です。p が大きい場合は $L \propto \log N$、すなわちランダムネットワークと同様であることが分かります。

　以上からWSモデルは近くの人とつながりやすいという格子ネットワークの性質を保ちつつ、最短経路長の性質を再現できることが分かります。一方で次数分布は一次元格子ネットワーク、ランダムネットワークと同様に社会ネットワークの特性を再現できませんでした。

　WSモデルの重要な特徴として、近くの人とつながるという格子ネットワークの性質に起因する、知人の知人は知人である確率が高いというものがあります。これは後述する**クラスタ係数**が高い状態で、現実の社会ネットワークでもよく見られる性質です。この特徴はランダムネットワークでは見られません（偶然発生する以外では知人の知人が知人にはならないため、クラスタ係数は小さい）。平均最多経路長が短く、クラスタ係数が高いネットワークを生成するモデルとして、WSモデルは発表当時大きな注目を集めました。

Barabasi-Albert モデル

　ここまではそれほど不自然でなさそうで、かつシンプルな仮定を置いたネットワークを考えてきました。しかし、現実のネットワークが持つ性質（次数分布と平均最短経路長）は再現できていません。

　現実の社会ネットワークは成長します。また、各人の知人の増え方は一様ではなく、知人が多いほど知らない人（知人候補）と出会う確率が高い（**優先選択**）と考えられます。Barabasi と Albert はネットワークの成長と優先選択によってネットワークを作るモデル（仮定4）、**Barabasi-Albert モデル**（BA モデル）[2] を提案しました。BA モデルは**成長**と**優先選択**によるエッジ接続の2段階からなります。

- 成長：1ステップごとにノードが1つ追加される
- 優先選択によるエッジ接続：各ステップでノードを追加するときに、新ノードから m 個の他のノードにエッジを張る。エッジを張る確率はそのノードの次数に比例する

　すなわち、多くのエッジが張られているノードほど、よりエッジが張られる（次数が多いほど次数が増える）ことになります。

　BA モデルで作ったネットワークを図6.13に示します。一見して、各ノードの持つエッジに偏りがあることが分かります。

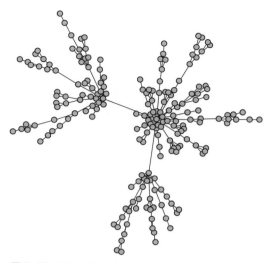

● **図6.13** BAモデルによって作ったネットワーク（ $N = 200$ ）

図6.14にBAモデルによるネットワークの次数分布を示します。両対数グラフで直線上、すなわちべき則に従っていることが確認できます。

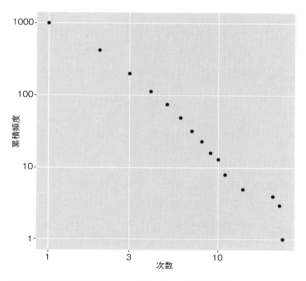

● **図6.14** BAモデルのネットワークの次数分布（ $N = 1000$ ）

　BAモデルのべき指数 γ は 3 になります。次数の成長を微分方程式として記述し、これを解くことによって得られます。ノード i の次数 k_i の成長速度は、ネットワーク全体において占める k_i の割合に比例するので、

$$\dot{k_i} = m \frac{k_i}{\sum_{j=1}^{N-1} k_j} = \frac{k_i}{2t-1}$$

と書けます（$\dot{k_i}$ は k_i の時間微分）。ここでエッジは各時刻に m 本追加されるため、その総数 $\sum_{j=1}^{N-1} k_j$ は $2m$ ずつ増加することから $m(2t-1)$ と書けます。t が十分に大きい（すなわち N が大きい）場合には -1 は無視できるので、$\dot{k_i} \simeq k_i/2t$ となります。これを解くと

$$k_i = m\left(\frac{t}{t_i}\right)^{1/2}$$

となり、各ノードの次数の時間発展を得ることができます。ここでは時刻 t_i に追加されたノード i の次数の初期値に $k_i(t_i) = m$ を使いました。ここから、ある時刻 t のノードの次数は追加時刻 t_i に反比例するため、早い段階で追加されたノードの次数が大きくなることが分かります。

　次数の累積頻度分布は、$k_i(t) < k$ を数えることで得られます。上記の議論から、$k_i(t) < k$ は $t_i > \frac{m^2 t}{k^2}$ の数と書けます（$k > k_i = m\left(\frac{t}{t_i}\right)^{1/2}$ を k について変形）。そしてそれを満たすノードは、$\frac{m^2 t}{k^2}$ より後に追加されたノードの数なので、$t - \frac{m^2 t}{k^2}$ となります。

　頻度分布は累積頻度分布を k で微分することで求められるので、

$$\frac{\mathrm{d}}{\mathrm{d}k}\left(t - t\frac{m^2}{k^2}\right) = 2m^2 t k^{-3}$$

となります。すなわち、次数分布 $p(k)$ は $p(k) \propto k^{-3}$ となり、次数 $\gamma = 3$ が得られます。

　次に平均最短経路長について考えます。図6.15にBAモデルで作ったネットワークのサイズ N と平均最短経路長 L の関係を示します。図から $L \propto \log N$ であることが分かります。

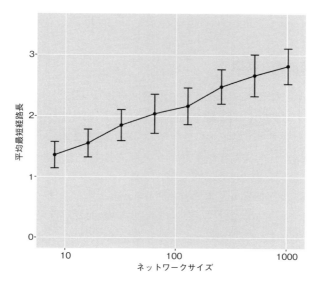

● **図 6.15** BAモデルのネットワークのサイズと平均最短経路帳の関係

　以上から、本節の最初で述べた現実の社会ネットワークの次数分布と平均最短経路長のマクロな性質を、BAモデルの成長と優先選択というミクロなノードの振る舞いによって再現するシンプルな数理モデルを作ることができました。

　この成長と優先選択という2つの要素は、片方が欠けるとスケールフリーネットワーク（次数がべき分布）にならないことが分かっています（成長については[2]、優先選択については参考文献に挙げる書籍[5]を参照）。両者ともに次数は指数分布になります。したがって、成長と優先選択は本質的にスケールフリーネットワーク（例えば社会ネットワーク）にとって重要であると言えるでしょう。

　この成長と優先選択が仮定1、2、3と異なるのは、**ノード間の相互作用**を考慮している点です。新しく追加されたノードは、今あるノードの次数分布からエッジを張るノードを決めます。その結果を受けて、次に追加されるノードはエッジを張るノードを決めます。一方で格子ネットワークやランダムネットワークではエッジの張る・張らないは独立に決定されます。すなわち、相互作用によって独立な試行では現れないべき分布が発生

したのです。

6.1.3　追加的な話題

　前項で、BAモデルによるスケールフリーネットワークは現実の社会ネットワークに近い性質を持つと述べましたが、BAモデルでは説明できない現実の社会ネットワークの性質はたくさんあります。

　第一にBAモデルによるべき分布 $p \propto k^{-\gamma}$ においては、べき指数（γ）は必ず3になります。一方で現実のネットワークの γ の多くは2から3の範囲でさまざまな値をとります[9]。Dorogovtsevら[7]は優先選択のしくみを少し拡張することによって、$2 < \gamma < \infty$ の範囲でべき指数を表現できるモデルを作りました。

　第二にネットワークの構造を表す指標は、べき指数と平均最短経路長以外にも存在します。「知りたいこと」次第では、それらに対してもモデルが現実を表現しているかを検討する必要があります。代表的なものとして**大域的クラスタ係数**、**次数相関**があります。

　局所的クラスタ係数とは、ノードAにつながっているノードBとCの間にエッジがある確率、すなわち、社会ネットワークで言うある人の知人の知人が知人である確率です。それをネットワーク全体にわたって計算したものが**大域的クラスタ係数**です。現実の社会ネットワークはランダムネットワークやBAモデルに比べて高いクラスタ係数を示すことが知られています。

　次数相関とは、つながっているノード同士の次数の相関です。次数の高いノードは次数の高いノードと、次数の低いノードは次数の低いノードとつながっている傾向にあれば、次数相関は正になります。社会ネットワークでは次数相関は正になりやすく、生物系（食物網、神経系、タンパク質）や工学系（WWWなど）は負になりやすいことが知られています[9]。

　また局所な指標（各ノードの次数、局所的クラスタ係数など）と大域的な指標（べき指数、平均最短経路長、次数相関）だけでなく、中間的な構造に着目したものが、**コミュニティ構造**です。例えばFacebookのネットワークだったとしても、同じ所属組織の人同士は密につながっており、所

属組織組織が異なる人同士のつながりは疎でしょう。そのようなコミュニティ構造を抽出する手法は多く提案されており、ネットワークデータから知見を得るためのデータマイニングなどでもよく使われます。ネットワーク版のクラスタリングとも言えます。

6.1.4　ビジネスへの応用

　本節では、社会ネットワークを題材にして、ミクロなノードの振る舞いからマクロな状態を説明するモデルを構築しました。これはミクロなノードの振る舞いを変化させたときのマクロな状態への影響を予見可能にします。多くの場合、マクロな状態について直接介入することは難しいことが多いため、ミクロとマクロの対応関係を知ることは重要です。

　例えばSNSにおける「友達推薦アルゴリズム」において、人のミクロな振る舞い（ノードがエッジを張る相手）を調整することによって、SNSを運営する会社が望ましいと考えている社会（ネットワーク構造）に近づけることができるでしょう。前述のDorogovtsevら[7]のBAモデルの拡張は優先選択の度合いに自由度を加えたことで、次数分布のべき指数が変わることを示しました。優先選択の度合いは、SNSの新規会員にどのような次数の人を推薦するかである程度調整できるでしょう。とすると、べき指数の小さい（友達が非常に多い人がある程度存在する＝インフルエンサーが多い）ネットワークにするか、べき指数の大きい（友人数の格差が少ない）ネットワークにするかを調整できると考えられます。本節で紹介したモデルは非常にシンプルなので、実際に扱いたい環境（自社のSNSなど）に合わせて適切に拡張する必要があるでしょう。

　またネットワーク構造のモデルは、次節の情報伝搬を含むさまざまなネットワーク上での現象をモデル化・分析するための基礎になります。

　成長と優先選択がべき分布を作ることは、スケールフリーネットワーク発見の以前から知られており[10]、富の分布や単語の使用頻度などが知られています[6]。お金持ちは投資ができるのでよりお金を得る、よく使われる単語は通じやすいのでより使われるということです。本節ではスケールフリーネットワークを題材として、べき乗則の生成モデルを考えました

が、成長と優先選択という相互作用はさまざまな現象を理解するのに役立つでしょう。

6.2　情報カスケード

本節では、人から人への情報拡散という現象を題材に、マクロな現象に関する数理モデルの構築について解説します。情報拡散の規模や過程の理解および予測は、SNSでのバイラルマーケティング、フェイクニュースなどのデマの拡散やネット炎上の抑止の観点から重要です（例えばインターネットの情報拡散は、アラブの春のように複数の国家の体制が変わってしまうような歴史的な事象に影響を与えることもあります[13]）。

最初にモデル化したい現象について述べ、それ以降で数理モデルを作っていきます。最も簡単な（多くの単純化のための仮定を置いた）微分方程式を使った数理モデルからはじめ、徐々に仮定を取り除いて現実に近づけていきます。

6.2.1　情報の伝達と連鎖

本節で扱う現象は情報の伝達と連鎖です。例えば噂話です。「川島さんが転職する」という情報を木島さんが知ったとします。木島さんはその情報を一緒にお昼ご飯に行った久保田さんと欅さんに話し、久保田さん・欅さんも友人にその情報を話したとします。結果として、最初は木島さんしか知らなかった情報が最終的に多くの人が知ることになる可能性があります。このように情報伝達が連鎖していくことを**情報カスケード**と呼びます。

噂話の伝搬をデータとして手に入れることは難しいですが、Twitterのリツイートデータであれば比較的簡単に手に入れることができます。Twitterでは他の人の発言（ツイート）をリツイートという機能を使って自分のフォロワーに伝えることができます。それを見たフォロワーもさらに

そのツイートをリツイートすることができます。その結果、時として何気なく投稿した発言が何百万人の目に触れることがあります。これも情報カスケードです。

Twitterのリツイートデータ

そこで情報カスケードのデータとしてスタンフォード大学のSNAPで公開されているTwitterのデータを利用することにします。http://snap.stanford.edu/seismic/ から該当のデータをダウンロードすることができます。

では情報カスケードの規模（何人に情報を伝搬したか）を見てみましょう。図6.16に各ツイートのリツイートされた回数の分布を示します。ここでも頻度の分布ではなく累積頻度分布を示しています。ほとんどのツイートのリツイート数は非常に少なく、ごくごく一部のツイートがたくさんリツイートされているという極端な分布になっていることが分かります。

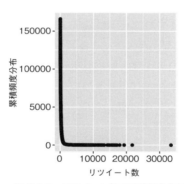

● **図6.16**　リツイート数の累積頻度分布

ただし、これでは極端すぎてどのような分布形状なのか分かりません。そこで横軸・縦軸を対数にして表示してみましょう（図6.17）。

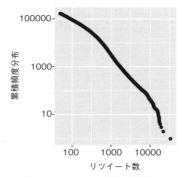

● **図6.17** リツイート数の累積頻度分布 (両対数グラフ)

　先ほどに比べて分布の形が読み取りやすくなりました。両対数グラフで直線上になっている通り、べき分布ということが分かります。

　まずは単純な過程を想定してみましょう。ある人がとあるツイートを見てリツイートする確率が q だとします。n 人のユーザが独立にリツイートするか否かを決めるとすると、リツイート数の期待値は確率 q、試行数 n の二項分布に従います。図6.18にシミュレーションした場合を示します。見ての通り実際のデータとまったく異なります。単純な過程を想定したシミュレーション (二項分布) に比べて、実際のデータ (べき分布) は非常に歪んでいます (ほとんどは少数なのに一部が非常に大きな値になる)。

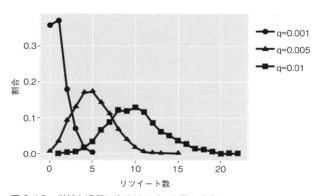

● **図6.18** 単純な過程によるリツイート数の分布

なぜこのようなリツイート数の格差が発生してしまうのでしょうか?

それはリツイートされるほどそのツイートはより多くの人の目に触れるため、リツイートされやすくなるという連鎖現象（カスケード）に起因します。そこで本節ではこのカスケードをモデル化することでべき分布を再現することを試みます。

6.2.2 情報カスケードのモデル化

人の振る舞いのモデル化

最初に、人がどのように情報を知り、人に伝え、拡散するのをやめるのかをモデル化しましょう。ここで人は情報を拡散していない状態（S）、情報を拡散している状態（I）の2つの状態のいずれかをとり、周囲の状況によって状態遷移をするとします。

状態遷移のルールはシンプルに次のようにします（図6.19）。

1. 情報を拡散していない人（S状態）は、情報を拡散している人（I状態）と接触したら λ に比例した確率で情報を拡散するようになる（I状態に変化する）
2. I状態の人は、情報を拡散していない人（S状態）に情報を伝える（拡散する）。また μ に比例した確率で情報を伝えなくなる（S状態に戻る）

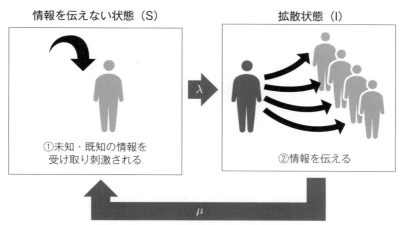

● **図6.19** 人の状態遷移

　このシンプルな状態遷移を用いて、情報カスケードという現象をモデル化してみましょう。

つながりのモデル化

　人と人の相互作用（本節では情報を伝える）をモデル化するためには、誰が誰と相互作用するかという「つながり」をモデル化しなければなりません。以降ではシンプルな方法から現実に近い方法まで少しずつ近づけて、どのようにすれば情報カスケードのべき分布が再現できるかを検討していきます。

6.2.3　ランダム相互作用モデル

　まず最もシンプルな状況として、相互作用はランダムに起こるという状況を考えます。すなわち、自分以外の全員と等確率で相互作用するという状況です（これは全員が全員と相互作用しているとも解釈できます）。SとIの各状態の集団中の比率をそれぞれ S、I で表すとすると、単位時間あたりでS状態がI状態に遷移する確率は、相互作用がランダム（一様）なので「S状態とI状態の人が接触する確率」に比例します。すなわち、人が情報を拡散する状態になる確率は λSI と書くことができます（$S, I \in [0, 1]$，$S + I = 1$）。I状態からS状態に遷移する（情報の拡散をやめる）確率は I に比例するので、μI と書くことができます。

とすると、時刻 t における単位時間 Δt あたりの S、I の変化の期待値は次のように書けます。

$$S(t + \Delta t) - S(t) = (-\lambda S(t)I(t) + \mu I(t))\Delta t$$

$$I(t + \Delta t) - I(t) = (\lambda S(t)I(t) - \mu I(t))\Delta t$$

　S、I は集団中の各状態の比率としましたが、集団を構成する人数が十分に大きいと仮定し、非常に短い単位時間を考える（$\Delta t \to 0$）としましょう。すると

$$\lim_{\Delta t \to 0} \frac{I(t + \Delta t) - I(t)}{\Delta t} = (\lambda S(t)I(t) - \mu I(t))$$

となるので

$$\dot{I} = \lambda SI - \mu I = \lambda(1 - I)I - \mu I$$

となり、I の変化を時間に関する微分方程式（**力学系**と呼ばれます）で書くことができます（時刻 t は省略。ここで S は $1 - I$）。

ランダム相互作用モデルの解析

相互作用はランダム、集団を構成する人は非常に多いという仮定を置くことで、情報カスケードに関するシンプルな数理モデルを得ることができました。ここまでシンプルであれば、数式を解析してその振る舞いを調べることができます。

まず十分に時間が経過したとき、S、I はどのようになるのかを調べてみましょう。十分に時間が経過して S、I が変化しなくなったときの状態（平衡状態）を知りたいので、$\dot{I} = 0$ となるときの上記の式を解けばよいわけです。その結果、$I = 0$ と $I = 1 - \mu/\lambda$ が $\dot{I} = 0$ となる平衡点として得られます。

では、I はどちらの値に収束するのでしょうか？ このような分析を**平衡点の安定性解析**と呼びます。本モデルのようなシンプルな場合は $\dot{I}$ と I の関係を可視化することで簡単に分かります。$\dot{I} > 0$ ならば I が増え、$\dot{I} < 0$ ならば I が減り、$\dot{I} = 0$ のところで収束するからです。

$\dot{I}$ と I の関係を可視化したのが図6.20です。

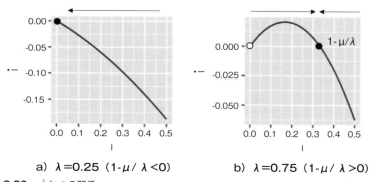

a) $\lambda = 0.25$（1-μ/λ <0） b) $\lambda = 0.75$（1-μ/λ >0）

● **図6.20** $\dot{I}$ と I の関係

$\mu = 0.5$ とし、 $1 - \mu/\lambda \leq 0$ と $1 - \mu/\lambda > 0$ の典型的な場合として、$\lambda = 0.25$ と $\lambda = 0.75$ について示しています。図6.20から $1 - \mu/\lambda \leq 0$ の場合 (a) は $I = 0$ に収束し、 $1 - \mu/\lambda > 0$ の場合 (b) は $I = 1 - \mu/\lambda$ に収束することが分かります。S状態からI状態（λ）、I状態からS状態（μ）のバランスで平衡状態が決まるということです。すなわち、 $\lambda < \mu$ だと情報拡散は起こらずすぐに収束し、 $\lambda > \mu$ だと常に誰かが情報の拡散をし続けることになります。

μ を 0.5 に固定して、 λ を 0.05 刻みで変えて、 $t = 1000$（ほぼ収束したとき）まで数値計算したときの I の値を図6.21に示します。点は数値計算の結果、実線は上で示した理論値を表します。

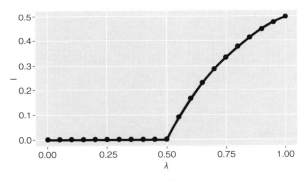

● **図 6.21**　λ を変えたときの I への影響

上で示したように $1 - \mu/\lambda = 0$（ここでは $\lambda = 0.5$）で大きく結果が変わることが分かります。

カスケードサイズ

次に情報拡散の規模（一度でも情報の拡散をした人の比率）について考えてみましょう。 $I = 0$ になる場合は、何人かに情報が拡散された後にI状態の人が存在しなくなります。人から人へ確率 λ で情報拡散状態が伝わっていくと考えると、 c 人がI状態になる確率は λ^c に比例するでしょう。すなわち情報カスケードのサイズは指数分布になるでしょう。

一方で $I = 1 - \mu/\lambda$ になる場合は、常にI状態の人が存在します。人は

ランダムな相互作用をしているので、十分に時間が経過した場合には全員が少なくとも一度はI状態になります。すなわち情報カスケードのサイズは常に最大値（全員）です。

以上の解析から情報の拡散には個体の状態遷移のパラメータ（λ と μ の比）に依存して、ほとんど拡散しない場合と全員に情報が拡散される2つのパターンが存在しうることがわかりました。両者はそのパラメータによって明確に区別されました（パラメータに閾値が存在した）。後者のパターンでは I が増えるほど、 I はさらに増加するので、情報カスケードは起きていたと言えるでしょう。

6.2.4　情報拡散におけるネットワーク構造の導入

では前項を踏まえて情報拡散のモデルにネットワーク構造を導入してみましょう。前項では、「すべての他者と一様に相互作用する」と仮定していましたが、ネットワーク構造の導入により情報伝播の局所性を考慮することになります。これは前項よりも現実に近い形で情報拡散をモデル化すると言えるでしょう。本項では、前節で紹介した一次元格子ネットワーク、ランダムネットワーク、WSモデル、BAモデルを用いて情報拡散におけるネットワーク構造の影響を考えます。

まず数値計算をするために、ノード（個体）の状態遷移ルールを決めましょう。ランダム相互作用モデルで考えたマクロな状態遷移と同じ考え方で、個体単位の状態遷移確率を考えます。

最初にS状態からI状態について考えます。つながっているノードがI状態だったらそれに応じて状態を変える（情報が伝わる）と考えると、ノード i がS状態からI状態に遷移する確率 p_i は次のように書けます。

$$p_i = \lambda \sum_{j=1}^{N}(I_j \delta_{ij})$$

ここで N はネットワーク全体の人の数、 I_j は人 j が状態Iであれば1、そうでなければ0という状態を表す変数、 δ_{ij} は i と j がつながっている（1次元格子なら隣）ならば 1 、そうでなければ 0 というつながりを表す変数です。すなわち、つながっているI状態のノードの数に比例してI状態

になる確率が決まるとします。

　ノード i がI状態からS状態になる確率 q_i は、周りに影響を受けないので

$$q_i = \mu$$

と書けます。

　以上の確率に基づいて数値計算（シミュレーション）をしてみましょう。

　まずは全体的な傾向を知るために、λ を0から1まで変えたときの最終的なカスケードサイズの平均値（1,000試行の平均）を図6.22に示します。カスケードサイズは一度でもI状態になった個体数としました。他のパラメータは $N = 2000$、$\mu = 1.0$、最大計算ステップ数 T を 5000、初期状態はI状態の人をランダムに1名（残りはS状態）としました。ここでの T の値はI状態のノードが0になる、または全ノードが一度はI状態になるための十分な計算回数として採用しました。エッジの数は約8,000になるように各ネットワークのパラメータを調整しています。

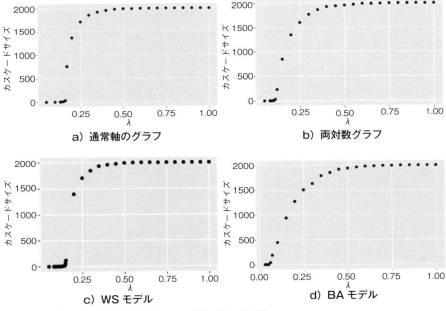

a）通常軸のグラフ

b）両対数グラフ

c）WS モデル

d）BA モデル

● 図6.22　λ を変えたときのカスケードサイズへの影響

　一次元格子ネットワークとWSモデルでは最も近い4つのノードにエッジを張る（さらにWSモデルは確率 $\rho = 0.01$ でエッジを張り替える）、ランダムネットワークは $p = 0.0040$ で各ノード間にエッジが存在するとし、BAモデルではノードを追加したときに新たに張るエッジを4本としました。$\mu = 1.0$ は、Leskovec[15] と同様にSNSでの拡散を想定して設定しました（RTなどの拡散行動は1回した（I状態）らしばらく実行されない（即座にS状態になる））。$\mu < 1.0$ でも定性的な振る舞いは変わりません。

　すべてのネットワーク構造で共通して、λ が小さいときはカスケードサイズがほぼ0、情報拡散が発生していないことが分かります。λ が大きくなると、あるところで急激にカスケードサイズが大きくなり、常にネットワーク全体に情報が行き渡ります。すなわち、ランダム相互作用モデルの力学系の解析と同様に、情報拡散においては、λ に閾値が存在することが分かります（図6.22では閾値近傍のみ λ の刻みを細かくしています）。

ネットワーク構造別のカスケードサイズ

　では、知りたい現象の特性（カスケードサイズがべき分布に従う）を再現することはできたのでしょうか？ λ が小さすぎるとカスケードは起こらず、大きすぎるとほぼ必ず全体に情報が行き渡ります。λ はその中間領域である閾値付近にあると考えられます。

　図6.23に一次元格子ネットワーク、ランダムネットワーク、WSモデル、BAモデルの λ が閾値付近のカスケードサイズの分布を示します（λ はそれぞれ 0.15 、 0.10 、 0.14 、 0.05 とし、15,000試行の結果）。

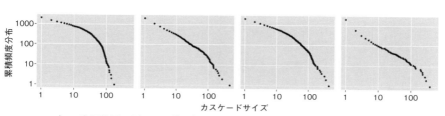

　a）一次元格子　b）ランダムネットワーク　c）WS モデル　　　d）BA モデル
● **図6.23**　各ネットワークのカスケードサイズの分布

　一次元格子ネットワークは指数分布のように大規模なカスケードは見られず、一方でランダムネットワーク・WSモデル・BAモデルは両対数グラフで分布の傾きが直線状になっている部分がある（べき分布的な性質を示す部分がある）ことが分かります。格子ネットワークは次元を上げて二次元・三次元にしても同様に指数分布になります。これはランダムネットワーク・WSモデル・BAモデルは、最初に挙げたリツイート数の分布と似た現象を発生させたと言えます。

　それらの3つのネットワーク構造は、情報カスケードの性質をどのように変えるのでしょうか？　図6.24に各ネットワークのカスケードサイズとそれまでにかかったステップ数を示します（各設定は図6.23と同様）。直線は回帰直線です。

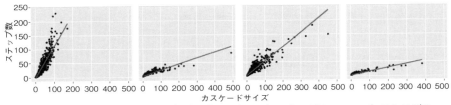

　　a) 一次元格子　　b) ランダムネットワーク　　c) WSモデル　　d) BAモデル
● **図6.24**　各ネットワークのカスケードサイズとそれにかかったステップ数

　一次元格子ネットワークは小さなカスケードサイズでも多くのステップ数がかかっているのに対し、BAモデルはより大きなカスケードでも非常に少ないステップ数であることが分かります。すなわち、BAモデル、ランダムネットワーク、WSモデル、一次元格子ネットワークの順で拡散が早いということです。このようにBAモデルによるスケールフリーネットワークや現実の社会ネットワークは大きなカスケードを発生させやすい（べき分布に従う）だけでなく、情報拡散のスピードが早いという性質を持ちます[17]。

　また情報カスケードが起こる閾値（λ）は、BAモデルが最も小さかったことも興味深い点です。ランダムネットワークにおける閾値は $1/(<k>+1)$ です（$<k>$ は平均次数。参考文献[8]のp.411参照）。BAモデルの閾値は $<k>/<k^2>$ です（$<k^2>$ は次数の二乗の平均。同じく

参考文献[8]のp.411参照）。スケールフリーネットワークでは k の偏りが大きいため、$<k^2>$ は非常に大きくなり、その結果、閾値は小さくなります。ノード数が多いほど次数が大きいノードが生まれる確率が高く、その結果、$<k^2>$は $\gamma \leqq 3$ で発散するからです。すなわち閾値は0になります（必ず情報カスケードが発生します。[5]のp.185参照）。

Leskovec[15]は実際のブログネットワーク（スケールフリーネットワーク）を用いたSとIの状態遷移のモデルで、情報カスケードのサイズがべき分布になるだけでなく、拡散のミクロなパターン（情報が伝わるツリー構造）もモデルが現実に似た振る舞いになることを示しました。

なぜスケールフリーネットワーク上ではこのような大規模な情報拡散が発生しやすく、また拡散スピードも早いのでしょうか？ 鍵はハブの存在です。ハブは多くの人とつながっているため、I状態になったときの影響度は非常に大きくなります。加えて、ハブはつながっているノードにI状態のノードが存在する確率も高いので、I状態になりやすくなります。その結果、λが小さくとも大規模な情報拡散が発生したのだと考えられます。社会ネットワークで考えると、たくさんの知人を持つ人が噂を聞きつければ（そしてたくさんの知人を持つ人には多くの情報が自然と集まる）、あっという間に多くの人に噂が広がってしまうということです。

一方でハブを情報発信ノード（初期状態でI状態にしたノード）として選べば、大規模な情報拡散を発生させられるかというとそうではありません。情報発信ノードの次数とカスケードサイズの相関は、ランダムネットワークが 0.095、BAモデルが 0.182 と小さく、情報発信ノードの次数はカスケードサイズをほとんど説明しませんでした（WSモデルは次数のばらつきがほとんどないので省略）。

6.2.5　ビジネスへの応用

本章では情報カスケード現象を対象として、その現象を特徴付けるマクロな統計的性質（べき分布）を示し、それを再現できる最小のモデルを作ることで、その現象を説明することを試みました。その結果、SとIという2つの状態のみを仮定した人の振る舞いと、状態の相互作用が均等でな

いスケールフリーネットワーク上で相互作用することで、その特徴的な統計的性質を定性的に再現することができました。

このシンプルなモデルは「情報の質」や「情報発信者の属性や能力」を一切考慮していないにもかかわらず、大規模な情報拡散が時折発生する現象を再現できました。また本モデルにおける唯一のノードの性質である次数は、カスケードサイズをほとんど説明できませんでした。これは「情報発信者の能力」ではなく「運」で情報拡散の規模を説明できるということを示唆します。Martin ら [11] は、ノードの能力や情報の質はTwitterにおける情報拡散の規模を4割強しか説明しないこと、すなわち6割弱は運によって決まっているであろうことを示しました。つまり、非常に人気のあるインフルエンサーに商品のPRをしてもらっても、それが多くの人に伝わるかには運次第であるということです。この洞察はSNSでのマーケティングにおけるリスクの見積もりに必要な知見です。

一方でハブの存在は情報拡散のスピードを早くすることが示唆されました。これはフェイクニュースなどのデマの拡散の抑止や訂正情報の拡散促進に役立つでしょう。フェイクニュースの情報拡散については、ネットワーク科学を含めた多くの分野の知見がまとまっています [16]。

情報拡散の予測についても多くの研究が行われており、本章で説明したような数理モデルアプローチや数理モデルに機械学習を組み合わせたアプローチなどさまざまなものが存在しています。情報拡散の予測については、よくまとまっている文献 [14] があるので興味のある方は読んでみてください。

6.3 まとめと参考文献

本章では社会ネットワークの構造と社会ネットワーク上での情報拡散を題材に、マクロな現象の数理モデル化について紹介しました。

自然科学、社会科学に大きな影響を与えたスケールフリーネットワークというネットワーク構造の発見ですが、その特徴は次数分布がべき則に従

うというシンプルなものです。また情報カスケードもべき分布によって特徴付けられました。その分布を見たときにランダムなどの**シンプルな仮定（NULL モデル）で説明できない**ことに気付けるか否かが重要なポイントです。そのためにも一様やランダムといったシンプルな仮定がどんな現象・構造を作り出し、現実の現象・構造はそこからどのように離れているかを知ることが必要です。数理的に現象を捉える力は、それに大きな貢献をすると考えています。

　また現象は再現できなくとも、シンプルなモデルは容易に解析できます。情報カスケードのモデルでは、微分方程式で記述したランダム相互作用モデルを解析することからはじめました。このような解析可能なモデルは、より多くの要素を考慮する複雑なモデルのダイナミクスに関しても知見を与えます。情報カスケードのランダム相互作用モデルでは、情報カスケードの発生は λ と μ の比で決まるという知見をもたらし、また、それはスケールフリーネットワーク上での情報カスケードにおいても同様でした（μ を固定して λ を変化させるだけでシステムの振る舞いが大きく変わりました）。このように一見複雑に見える現象を数理モデルによって理解しようとするときには、できるだけシンプルなモデルにできるような仮定を置き、数理解析（難しければ数値計算）をして現象を分析し、少しずつ実際の現象に近づくように複雑にしていくとよいでしょう。例えば、情報カスケードの微分方程式モデルでは、人と人の相互作用はランダムに発生し、人の数は無限であるという2つの仮定を置き、十分に時間が経過したときのみ分析の対象としました。格子ネットワーク、ランダムネットワーク、WSモデルのネットワーク、スケールフリーネットワーク上での拡散ダイナミクスも、微分方程式モデルほど簡単ではないですが数理的に解析できます。興味のある方は参考文献に挙げる書籍[5]の8章、同じく参考文献[8]の10章をご覧ください。

　情報カスケードでは、人の状態をS、Iの2つで表しました。実はこれらは感染症の拡散ダイナミクスを表現するために考案されたもので、最初に紹介した微分方程式は**SISモデル**と呼ばれます。SISはそれぞれ感受性保持者（Susceptible）、感染者（Infected）を表します。SISを含む感染症のモデルは、ネットワーク科学よりもずっと以前（1927年の論文[2]）から研究

され多くの性質が分かっています。それらの膨大な知見を情報カスケードの研究に活かすことができます。このようなまったく異なる現象から共通性を見出すことも、現象から本質的な要素だけをうまく抜き出して数理モデル化して考えることの醍醐味の1つです。

ネットワーク科学の日本語の参考書としては、参考文献に挙げる書籍[5, 8] の質が高くお勧めです。またネットワークを可視化・分析するためのツールは、Gephi[18]、Cytoscape[19]が高度な機能を持ちよく使われます(図6.2 のFacebookネットワークはGephiを用いて可視化しました)。igraph[20]というパッケージはRやPython、Cから利用でき、BAモデルなどの代表的なモデルによるネットワーク生成、最短経路長などのネットワーク特徴量の計算など多くの機能が実装されており大変便利です。

参考文献

- [1] D.J. Watts, and S.H.Strogatz, "Collective dynamics of small-world networks", Nature 393, 1998. pp.440-442.
- [2] A.L. Barabási, and R. Albert, "Emergence of scaling in random networks", Science 286, 1999. pp.509-512
- [3] J. McAuley and J. Leskovec, "Learning to Discover Social Circles in Ego Networks", Neural Information Processing Systems, 2012.
- [4] B. Bollobás and T. College, "Random Graphs", Cambridge University Press, 2001.
- [5] 増田直紀, 今野紀雄 著, 「複雑ネットワーク―基礎から応用まで」, 近代科学社, 2012.
- [6] M.E.J. Newman, "Power laws, Pareto distributions and Zipf's law", Contemporary Physics, V.46, No.5, 2005.
- [7] S. N. Dorogovtsev, J. F. F. Mendes, and A. N. Samukhin, "Structure of Growing Networks with Preferential Linking", Physical Review Letters, Vol.85, No.21, 2000. p.4633.
- [8] A.L. Barabasi 著, 池田 裕一, 井上 寛康, 谷澤 俊弘, 京都大学ネットワーク社会研究会 翻訳, 「ネットワーク科学: ひと・もの・ことの関係性をデータから解き明かす新しいアプローチ」, 共立出版, 2019.
- [9] M.E.J. Newman, "The Structure and Function of Complex Networks", SIAM Review, Vol.45, No.2, 2003, pp.167–256.
- [10] G.U. Yule, "A Mathematical Theory of Evolution, Based on the Conclusions of Dr. J. C. Willis, F.R.S.", Philosophical Transactions of the Royal Society of London. Series B, Containing Papers of a Biological Character, Vol.213, 1925, pp. 21-87.

- [11] T. Martin, J. M. Hofman, A. Sharma, A. Anderson, D. J. Watts, "Exploring limits to prediction in complex social systems", Proceedings of the 25th International Conference on World Wide Web, 2016, pp. 683-694.

- [12] W. O. Kermack and A. G. McKendrick, "A Contribution to the Mathematical Theory of Epidemics", Proceedings of the Royal Society of London. Series A, Vol.115, No.772 (1927), pp. 700-721. doi:10.1098/rspa.1927.0118

- [13] 外務省, "「アラブの春」と中東・北アフリカ情勢", Vol.87, わかる！国際情勢, 2012. https://www.mofa.go.jp/mofaj/press/pr/wakaru/topics/vol87/index.html

- [14] C. Chelmis, DS. Chelmis, "Popularity on the Web From Estimation to Prediction", IEEE BigData (Tutorial), 2017. http://cci.drexel.edu/bigdata/bigdata2017/files/Tutorial2.pdf

- [15] J. Leskovec, M. McGlohon, C. Faloutsos, N. S. Glance, M. Hrust, "Patterns of Cascading Behavior in Large Blog Graphs", Proceedings of the Seventh SIAM International Conference on Data Mining, April 26-28, 2007, Minneapolis, Minnesota, USA. https://www.researchgate.net/publication/220907203_Patterns_of_Cascading_Behavior_in_Large_Blog_Graphs

- [16] 笹原和俊 著, 「フェイクニュースを科学する -拡散するデマ、陰謀論、プロパガンダのしくみ-」, 化学同人, 2018.

- [17] B. Doerr, M. Fouz, and T. Friedric, "Why Rumors Spread So Quickly in Social Networks", Communications of the ACM, Vol.55, No.6, 2012, pp.70-75. https://dl.acm.org/citation.cfm?id=2184338

- [18] https://gephi.org/

- [19] https://cytoscape.org/

- [20] https://igraph.org/

第 7 章

画像認識

　写真やイラストをはじめとする画像は、人々が日々の生活でSNS投稿用に撮影した写真からオンラインストアの商品画像に至るまで、ありとあらゆる存在意義を期待されてデジタル空間上に溢れています。それらは大げさに言えば、公私にわたる人々の活動が残した資産でもあります。本章では、画像から新たな知見や価値を抽出するための基本的な画像解析タスクである「物体認識によるクラス分類」に着目して、近年の画像認識モデルがどのようなしくみで作られているのかについて歴史的な背景とともに紹介します。

7.1 画像認識とは

　人間は自身の眼球を通してモノや画像を視覚的に認知し、それが自分にとっていかなる意味を持ち得るのか理解した上であらゆる判断を下しています。目の前に立っている人物が自分にとって大切な人であるのか、写真に写っているものが可愛い猫であるのか、はたまたテレビで流れているCMが果たして興味をひく内容であるのか、といった事柄は人間にとっては意識するまでもない自然な行為でしょう。しかし、これらを機械に実行させるとなるとどうでしょうか。この人間の画像を認識する能力を機械によって実現しようという試みは、長らく人工知能研究の主要なテーマの1つでした。

　1990年台頃から、OCR（文字認識機能）やデジタルカメラの顔認識機能といった画像認識機能が身近で実装されはじめました[*1]。近年では計算機の性能向上とさまざまな解析ツールのオープンソース化といった恩恵を受け、深層学習などの発展的な手法によるいっそう高度な画像データ解析も可能になりました。このような技術が低コストで開発・実装可能になったのは、人類史上で見れば極めて最近のことでしょう。そして、近い将来にもさらに多くのことがアルゴリズムで実行可能になるとみられます。本章では視覚情報の歴史を振り返るとともに、機械に視覚的な認識機能を持たせ、従来は人間でないと困難であった視覚認識タスクの1つである画像クラス分類のモデルについて以下の流れで説明します。

- 視覚情報の歴史
- 画像認識に用いられる機械学習
- 画像認識モデルの構築
- 独自の画像認識モデルの構築

[*1]　これらの技術は主に業務用として1990年以前から存在しましたが、ソフトウェアとして商用化されて普及したのは1990年台以降と言えます。

7.1.1 視覚情報の歴史

そもそも画像とは何でしょうか。Wikipediaでは以下のように定義されています[2]。

画像（がぞう）とは、事象を視覚的に媒体に定着させたもので、そこから発展した文字は含まない。定義される媒体は主に2次元平面の紙であるが、金属、石、木、竹、布、樹脂およびモニター、プロジェクター等の出力装置がある。また、3次元の貼り絵、ホログラフィー等も含まれる。

本章では主に2次元画像の認識手法について紹介し、場合によっては文字も何らかの図形パターンを持つ画像として捉えて議論を進めます。なお、今回は扱いませんが、近年ではホログラフィーやAR/VRのようなメディアを通して3次元画像が扱われることも増えており、3次元画像解析の研究も今後さらに活発化するでしょう。また、2次元静止画の時系列データである動画の解析については、別の機会に譲ることとします。

7.1.2 画像技術の発展

かつての画像といえば、画家による対象物の模写か記憶上の光景の描画であったに違いありません（図7.1）。この作業自体が少なからぬ労力を要し、また、複製・運搬・保管が今ほどに便利ではなかったであろうことは想像に難くないでしょう。1827年になるとフランスの発明家ジョゼフ・ニセフォール・ニエプスによって最初の写真が発明されました（図7.2）。以降、幾多の研究と改良が重ねられ、近代の現像写真技術が完成しました。それは適切な機材さえ使えば、瞬時に対象物の写実的な視覚情報を媒体すなわちフィルムに定着させることができるというもので、運搬・保管・複製もそれ以前に比べて断然ラクになりました。この時点で写真は当時にしてみれば魔法のような技術だったことでしょう。一方で、アナログデータとしての写真には未だ多くの制約もありました。例えば短時間に写

---

* 2　https://ja.wikipedia.org/wiki/ 画像

真を大量複製して配布することは現像・印刷・配達コストの面から個人レベルでは難しかったでしょう。

● **図 7.1** 「モナ・リザ」の製作期間は1503年から1505年頃ではないかと推定されている。つまり、画像を媒体(キャンバス)に定着させるのに3年程度の時間を要したことになる

● **図 7.2** ジョゼフ・ニセフォール・ニエプスがフランスのサン・ルゥ・ド・バレンヌにある自宅アトリエの窓から撮影したとされる「ル・グラの窓からの眺め」[*3]は現存する最古の写真と言われている。よく見てみると、両端の屋根のシルエットの間には明るい空の拡がる光景が浮かび上がる

＊3　https://sites.utexas.edu/ransomcentermagazine/2014/05/05/from-the-outside-in-first-photograph/

　1940年代には通信技術が目覚しい発展を遂げ、視覚情報としての画像は効率的なデジタルデータとして圧縮・変換されて通信路を飛び交うようになりました。そして、20世紀終盤にはインターネットが登場し、文章データとともに画像データが瞬間的にやりとりされる社会基盤が整うこととなりました。結果として、組織・個人・機械を問わずあらゆる社会活動に付随して、大量の画像データ（と関連メタデータ）が生成される時代になります。そこから意味のある知見を自動的に抽出したいという動機によって、機械学習などを利用した画像解析技術は発展したと考えられます。

7.1.3　画像解析の必要性と問題の種類

　画像があらゆる社会の活動体（あるいは機械）によって大量に生み出されるようになると、人力では困難な課題を解決したい、また既存のタスクをより効率的に運用したいなどのニーズが生まれます。以下のようなタスクが挙げられるでしょう。

- マーケティング調査
  - ある商品がメディアにどれくらい露出しているか調査したい
  - 人物の性別・年代を推定したい
  - あるキーワードやハッシュタグに紐付いた大量の画像をラベリングして背景に潜む行動実態を調査したい
- コンテンツ
  - 人物の背景を自動で除去したい
  - 白黒の写真をカラーに自動変換したい
- 農業
  - 収穫物を自動で仕分けしたい
  - 畑の状況を空撮画像から把握したい
- モビリティ
  - 安全な自動運転アルゴリズムを開発したい
- セキュリティ
  - 顔認証によってメンバーを識別したい

- 大量の監視カメラの中から不審者を自動で検知したい
- 衛星写真を常時監視したい
- 医療
  - 画像診断を機械で効率的に支援したい

このように画像解析にはさまざまな種類と難易度のタスクがあります。画像解析タスクには、以下のような種類がありますが、本章ではその中でも比較的シンプルな物体認識モデルについて説明します。

- **物体認識**
  - 画像に写っている物体や人を認識し、ラベリングを行うタスク。物体認識の中にも目的に応じて、一般的な意味のラベルを与える一般物体認識や名前・固有名詞などのより独自性の高いラベルを与える特定物体認識（インスタンス認識）といったタスクがあり、前者はよく**クラス分類**と呼ばれる。例えば東京タワーの画像をモデルに見せた場合に「電波塔」ではなく「東京タワー」と答えて欲しい場合は後者のタスク
- **物体検出**
  - 画像内の複数の物体の位置を特定した上で、それらに対して画像認識を行う。画像認識の上位互換のようなタスク

- **画像セグメンテーション**
  - 画像内の複数の物体をさらにピクセルレベルで特定・分類するタスク
- **画像生成・自動加工・スタイル変換**
  - 実写真やイラストのような画像を機械に自動生成させたり、画像の自動加工や画風の変換を行うタスク

7.2 画像認識に用いられる機械学習

7.2.1 画像の多様性の例

画像はその性質上、同じモノやコトを表していても、多様性が許容されたりノイズが含まれたりすることが一般的です。例えば猫にもいろいろな猫がいますし、同じ物体の写真でも拡大縮小されていたり背景や明るさが異なっていたりする場合があります。このように多様性を内包した高次元なデータとしての画像を扱うにあたり、ルールベースの手法には限界がありました。そのような状況の中で近年発展してきたのが、大量の画像データセットを使って機械学習を行い、多様性に対してある程度柔軟に対応できるような画像認識モデルの構築を目指す手法です。

次に画像の多様性の例を挙げます。

- **視点**：視点の位置によって、まったく同じ物体でも見え方が異なる
- **スケール**：同じ概念の物体でも大きさに差があり得る
- **変形**：動物がさまざまな姿勢をとれるように、同じ物体でもさまざまな形をとり得るものがある
- **オクルージョン**：対象物の一部が物影に隠れているような場合がある
- **光環境**：昼と夜のように異なる明るさのもとでは同じ物体でも見え方が異なる
- **背景**：対象物の背景にはあらゆるものが写り込んでいる可能性がある
- **クラスの多義性**：1人として同じ人がいないように、同じ概念の物体でも多様なバリエーションがあり得る

7.2.2 そもそも機械学習とは

機械学習とは「明示的なプログラムをすることなく、学習データから未知の状況にも柔軟に対応できるような能力を機械に獲得させること」を目指す手法のことです。例えば画像認識タスクとして、写真に写る未知の動

物が猫かどうかを機械に判定させたいとしましょう。あらゆる画素パターンをルールベースで網羅して猫かどうかを判定することは現実的に不可能ですが、過去に見たことのある猫に共通する耳の形といった身体的特徴のパターンをアルゴリズムや統計モデルといった手法（本章ではニューラルネットワーク）を使って機械に理解させようというアプローチが機械学習です。以下、馴染みのない読者のために機械学習の流れを簡潔に説明します。すでに機械学習について知識のある読者は読み飛ばしても構いませんし、より深く学びたいという方は参考文献[4]、[5]にあたると良いでしょう。

　機械学習は、与えられた学習データに正解情報を含んだ「教師ありデータ」を使う「教師あり学習」と、正解情報のようなものがない「教師なしデータ」からの知識獲得を目指す「教師なし学習」に大別されます（図7.3、表7.1）。両方の側面を持った「半教師あり学習」や環境からのフィードバックをもとに状況に応じた最適行動を学習しようとする「強化学習」といった機械学習のジャンルもありますが、詳細は他書に譲ります。

　本章で考える画像認識では、事前にラベルの付けられた複数枚の画像データセットを学習データとして与えて画像認識モデルの「教師あり学習」を行い、未知の画像が与えられたときにその画像に付与されるべきラベルを予測できるようにします。

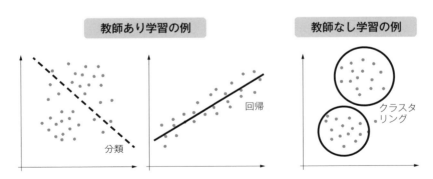

● **図 7.3**　教師あり学習と教師なし学習の例

種類	概要
教師あり学習	入力データとそれに対応した正解データに基づいてモデル学習を行う
教師なし学習	入力データのみからパターンを抽出する。主にクラスタリング、データ圧縮といったタスクが該当
半教師学習	正解情報を含んだ部分的なデータを活用して、他のデータについても推論を行ってモデル学習を行う
強化学習	モデルは現在の状態を踏まえて行動した結果、環境から報酬と呼ばれるフィードバックが得られる、という枠組みを考え、試行錯誤を通じて状況に応じた最適な行動をとれるようモデル学習を行う。囲碁 AI の AlphaGo は強化学習を取り入れて話題となった

■ **表 7.1** 機械学習の種類

7.2.3 一般的な教師あり機械学習のフロー

では機械学習はどのように行うのでしょうか。簡単にまとめると、図 7.4 のようなフローになります。

1. タスクとデータに合ったモデルを選定する
2. 学習データをモデルに入力し、得られた出力と正解とのギャップを適切に表現するような損失関数を定義して結果を評価する
3. 得られた損失関数の評価値に基づいてモデルのパラメータを望ましい方向に調整する
4. 2.と3.の調整を十分に繰り返し行った後、学習したモデルに未知のデータを与えて検証を行う

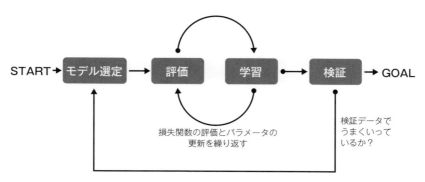

● **図 7.4** 機械学習のフロー

　以下で、これらのフローを簡単に説明します。

モデル選定

　まずは解きたいタスクや解明したい現象と関連データに合ったモデルを選定[*4]する必要があります。よく知られた問題であれば、それに対処するための有効なモデルがすでに提案されているかもしれません。そうでなくても扱いたい現象の因果関係や類似する問題から得られている知見をもとに、現象をうまく説明できそうなモデルを設定するとよいでしょう。

　例えば、夏の野球場における「気温」と「ビールの売上」の関係を考えたいとき、説明変数と目的変数の間に（この場合は「気温」が説明変数で「ビールの売上」が目的変数）線形の関係がありそうであれば、線形回帰モデルが自然な選択肢となるかもしれません。すなわち、t：気温、y：売上としたとき、a、bをなんらかの定数として

$$y(t) = at + b$$

なるモデルを想定するのは発想としてはシンプルです（図7.5）。

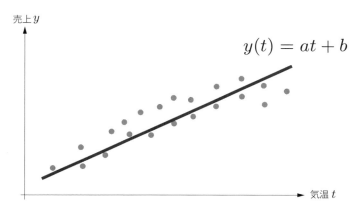

$$y(t) = at + b$$

● **図 7.5**　気温とビールの売上の関係を表すモデル（気温が上がるとビールの売上が上がると期待する）

* 4　モデル自体のパラメータ（例えば多項式モデルの自由度）や機械学習を制御するパラメータ（一般にハイパーパラメータと呼ばれる）を決定するという意味の「モデル選択」ではなく、そもそもどのようにモデルを定式化すべきかという意味での選定です。

一方で「気温」と「ビールの売上」に、より複雑な因果関係が存在すると期待される場合、例えば「気温」が極端に低ければビールはほとんど売れず、「気温」がある程度以上に高ければビールの売れ行きはほぼ同じ水準に収束するだろう、などと考え、同じく a、b、c を定数として次のようなモデルを設定することもできるでしょう（図7.6）。

$$y(t) = \frac{a}{1 + be^{-ct}}$$

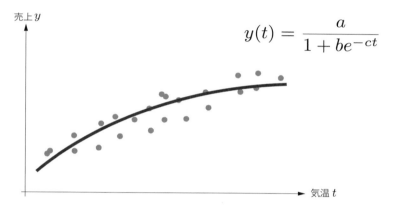

- **図7.6** 気温とビールの売上の関係を表すモデル（気温がある程度高くなるとビールの売上の伸び率は鈍化する）

とはいえ多くの場合、現象の因果関係が複雑に感じられることから、どのモデルを選択すれば良いのか、説明変数とパラメータ数はどの程度まで増やせば良いのか、といった問題に悩まされます。このような場合は改めて観測データを観察するとともに、さまざまなモデルを試してみることも必要でしょう。詳細は参考文献に譲りますが、統計学などの関連分野ではAIC（赤池情報量基準）、BIC（ベイズ情報量基準）、MDL（最小記述長）といったモデル選択のための定量的な基準[*5]も提案されており、これらを参考にすることもできるでしょう。

＊5　詳細は本書の範疇を越えるため取り扱いませんが、興味のある方は参考文献 [6]、[7]、[8] をご覧ください。

　また、モデルのパラメータが少数であったり、最適なパラメータが計算できたりする場合は気にする必要がありませんが、後で紹介するニューラルネットワークのように、モデルが複雑になればなるほどパラメータの初期値をうまく設定することが後の学習ステップで成功するためのポイントです。パラメータ空間の次元が大きくなればなるほど、最適なパラメータを求めることが難しくなるだけでなく、筋の悪い局所解に陥ってしまうリスクが増すからです。

評価

　初期パラメータを設定したモデルに学習データを入力しても当初は期待通りの結果にならないでしょう。そこで、現状がどの程度、望ましい結果とズレているのかを評価する必要があります。この最小化すべき「ズレ」の評価指標は一般に「損失関数」[*6]と呼ばれます。

　「気温」と「ビールの売上」の例では、「モデルの予想した売上」が「実際の売上」から下振れしても上振れしても好ましくありません。下振れは予想以上にビールが売れないことを意味しますし、上振れするならビールの販売員を増員するなどして機会損失を防ぐことができるはずです。よって、二乗誤差が損失関数として有力な候補だと考えられます。つまり、観測データを $t_i(i = 1, 2, ..., N)$：i 日目に観測された気温、　$y_i(i = 1, 2, ..., N)$：i 日目の実際の売上としたとき、損失関数は全データに対する二乗誤差を合計して

$$\mathcal{L} : 損失関数 = \sum_{i=1}^{N} (y(t_i) - y_i)^2$$

と定義できそうです。

学習

　上記のステップにおいて適切と思われる損失関数を定義できたら、その評価値（最小化すべき値）に基づいてモデルのパラメータを繰り返し更新

[*6]　誤差関数とも言います。

する学習ステップに進みます。なお、この学習ステップではデータセット全体を使い切ってしまうのではなく、後述する検証ステップでモデルが過学習していないかどうかを確認するために一部のデータを残すようにします。この「とっておきのデータ」こそが検証ステップでは重要な役割を果たします。

では、得られた評価値をもとにどのようにパラメータを更新すればよいでしょうか。

まずは、「気温」と「ビールの売上」問題を線形回帰モデル $y(t) = at + b$ としてモデリングした場合を考えます。このとき損失関数は、$\mathbf{w} = (a, b)$ の2つのパラメータで決まります。損失関数 $\mathcal{L}$ が小さくなる方向に (a, b) を動かし、$\mathcal{L}$ が最小になった時点の (a, b) を最終的なモデルのパラメータとして採用するという作戦が考えられます。これは、平面上の座標 (a, b) において高さが $\mathcal{L}$ となっている地形を想像したとき、谷の底を目指していくようなイメージです。現在の座標地点から斜面の下に向かう方向、すなわち $(-\frac{\partial \mathcal{L}}{\partial a}, -\frac{\partial \mathcal{L}}{\partial b})$[*7]なる勾配の方向を目指していけば谷底＝「損失関数の値が小さい地点」に近づきそうです。この勾配は損失関数

$$\mathcal{L} = \sum_{i=1}^{N}(at_i + b - y_i)^2$$

を a、bについて偏微分することで計算できます。

$$\frac{\partial \mathcal{L}}{\partial a} = 2\sum_{i=1}^{N}(at_i + b - y_i)t_i$$

$$\frac{\partial \mathcal{L}}{\partial b} = 2\sum_{i=1}^{N}(at_i + b - y_i)$$

上式において $\frac{\partial \mathcal{L}}{\partial a} = 0$、$\frac{\partial \mathcal{L}}{\partial b} = 0$とおくと a、bに関する連立方程式[*8]が得られ、勾配がゼロとなるような $a = \hat{a}$、$b = \hat{b}$は、平均気温を $\bar{t} = \frac{1}{N}\sum_{i=1}^{N}t_i$、1

[*7] $\frac{\partial}{\partial x}$ は x 以外の変数を定数とみなして x について微分することを表し、偏微分と言います。本書では、偏微分に関する説明は省略します。

[*8] 正規方程式と呼ばれます。

日あたり平均売上を $\bar{y} = \frac{1}{N}\sum_{i=1}^{N} y_i$ とおいて次のように求めることができます。

$$\hat{a} = \frac{\sum_{i=1}^{N} y_i(t_i - \bar{t})}{\sum_{i=1}^{N}(t_i - \bar{t})^2}$$

$$\hat{b} = \bar{y} - \hat{a}\bar{t}$$

勾配降下法

「気温」と「ビールの売上」の線形回帰モデルの例ではパラメータが a、b の2つだけでしたが、任意のモデル[*9]のパラメータ数が一般に m 個 $(m = 1, 2, ...)$ のときであってもまったく同様に考えます。損失関数 $\mathcal{L}$ の最小化を目指してモデルのパラメータ $\mathbf{w} = (w_1, w_2, ..., w_m)$ の勾配

$$-\nabla\mathcal{L} = (-\frac{\partial\mathcal{L}}{\partial w_1}, -\frac{\partial\mathcal{L}}{\partial w_2}, ..., -\frac{\partial\mathcal{L}}{\partial w_m})$$

を計算し、損失関数 $\mathcal{L}$ の値が減少する方向にパラメータを

$$\mathbf{w} = \mathbf{w} - \eta\nabla\mathcal{L}$$

として更新できます。このような手法を**勾配降下法**と呼びます（図7.7）。ここで η は $-\nabla\mathcal{L}$ の方向に進む歩幅を表す定数であり、学習率と呼ばれます。

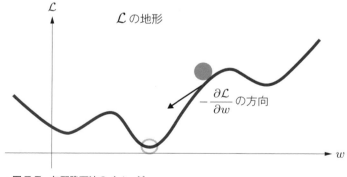

● **図 7.7** 勾配降下法のイメージ

[*9] ここでは勾配が計算不可能な場合は考えないことにします。

勾配降下法の難しさ

　勾配降下法は最適なパラメータの獲得を目指して、パラメータ空間の中で損失関数が織りなす地形の谷底を目指していくような手法ですが、ここで1つの問題があります。現実には多数の谷があり、浅い谷もあれば深い谷もあるでしょう。浅すぎる谷底に対応したパラメータでは満足なモデル性能が得られないかもしれません。そこでなるべく深い谷底を目指したいわけですが、広いパラメータ空間の中で必ずしも深い谷底に到達できるとは限らないのです。そこで、基本的な勾配降下法に対し、安易に浅い谷にトラップされないよう工夫を凝らした手法がいろいろ提案されています。

ミニバッチ学習

　勾配降下法を進めるためにまずは損失関数 $\mathcal{L}$ の値を計算するわけですが、上述の「気温とビール売上の関係」では、全観測データについて誤差の和をとっていました。しかし、より複雑なケースでは全学習データについて勾配を計算するには大量のメモリを必要とするばかりでなく、容易に「浅い谷」にとらわれてしまうでしょう。このようなトラブルを回避するために、損失計算で学習データをすべてまとめて使ってしまうのではなく、学習データを**ミニバッチ**と呼ばれる小さなグループにランダム分割し、各グループにおいて順次 $\mathcal{L}$ を計算して、パラメータを更新していくというテクニックがあります。まとめると以下のようなメリットがあります。

- ランダム性によって「浅い谷」に一時的にトラップされても脱出できる可能性が高まる
- ミニバッチのサイズに応じて使用メモリを制御できる

　なお、ミニバッチサイズ=1とした場合、つまり学習データ内の個別サンプルごとに勾配計算を行ってパラメータを更新していく方法を**確率的勾配降下法**と呼びます。確率的勾配降下法は個別サンプルの影響をそのまま受けることからランダム性が高く、収束スピードは落ちる可能性がありま

す。対して、ミニバッチ学習[*10]は適度なランダム性を確保する有効な手段と言えるでしょう。

　全学習データのミニバッチを一通り使い切る学習単位のことを**エポック**と呼び、多くの場合は複数エポックにわたって学習を継続します。

検証

　十分な学習を行い、モデルが学習データに対して満足な性能、つまり損失関数の値が十分に低い状態になったとします。このとき、そのモデルが特定の状況にのみ適合したモデルになっていないかどうかを検証する必要があります。事前に用意されたデータに対してうまく対応できていても、未知のデータに対して予測が大きくはずれてしまう……というような状態ではモデルとして役に立ちません（そして実際にこういう事態は頻繁に起こり得ます……）。このような状態を**過学習**（overfitting）と呼びます。過学習に陥っていないことを確認するためには、学習データとは別に確保しておいた検証データ（つまりモデルにとって初見のデータ）を使って損失関数の評価値を再度チェックします。この検証プロセスを**交差検証**（Cross Validation）と言います。ここで検証データに対して性能が低いとなった場合、モデルが過学習をしている可能性を否定できず、あるいはそもそもモデルの相性が悪かった可能性も考えなければなりません。

　なお、検証ステップは学習ステップと並行して行うのが理想です。学習データに対しては損失が下がっているが、検証データに対しては損失がむしろ上昇しはじめている……。このような傾向は過学習のシグナルであり、学習ステップをどこで完了させるかを決める重要な判断材料になるからです。

　ここまででかんたんに機械学習のフローを整理しました。続いて具体的に画像データを扱った機械学習について説明していきます。

[*10]　具体的なバッチサイズについては、計算環境のメモリ制約や学習データにおけるサンプルの偏りにもよりますが、大きすぎると汎化性能が得られないと言われています。2〜数百程度で実験してみると良いでしょう。

7.2.4　画像データを使った機械学習

基本的な画像データの表現

　ここではカラー画像がRGBの3チャンネルを持ち、縦幅 H、横幅 W で総ピクセル数が $H \times W$ であるような画像を考えます。また、各ピクセルは濃淡に応じた範囲の値[*11]を持つものとします。このとき、画像は $3HW$ 次元の3次元配列（テンソル）$\{x_{c,i,j}\}, (c = 1, 2, 3, i = 0, ..., W-1, j = 0, ..., H-1)$ と表すことができます。

　以下では、画像のクラス分類を目的とします。3次元配列として表現された画像データ $\mathbf{x} = \{x_{i,j,k}\}$ を入力すると、画像の中身が M 個のクラスに所属する確率を成分に持つベクトル $\mathbf{y} = (y_1, y_2, ..., y_M)$ が出力されるような数理モデルを得たいとします。この問題で採用する数理モデルとして有力な候補となるのがニューラルネットワークモデルです。以下でより詳細に解説します。

モデル選定：ニューラルネットワーク

　ニューラルネットワークはその名から想像できるように、生物の脳神経回路網から着想を得た数理モデルの一種です。この神経回路網はニューロンと呼ばれるユニットを持ち、それらがシナプスという筋線維を介して複雑に結合された回路ネットワークを構成したモデルのことを表します。生物学的なネットワークにおいて、情報は電気信号としてニューロンに伝わり、ニューロンは受け取った信号をそのまま受け流すのではなく、活動電位を発火させるといった刺激を与えてから信号を他のニューロンに伝えていきます。数理モデルとしてのニューラルネットワークでも同様に、ニューロンは受け取った値に対して後述する活性化関数を適用した上で、出力された値を他のニューロンに渡します。ここではイメージしやすいように、3層からなるシンプルなネットワークを例として考えましょう（図7.8）。

[*11]　画素値は 0 〜 255 や 0 から 1 の範囲であることが多く、モデルに入力する上で正規化されることもあります。一般に 0 が真っ黒に対応します。

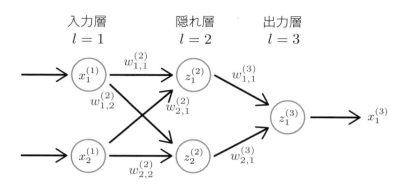

● **図 7.8** 3層からなるシンプルなネットワーク

　図のように結合（神経回路網でいうところのシナプス）の重みを入力側から $w_{1,1}^{(2)}$、$w_{1,2}^{(2)}$、$w_{2,1}^{(2)}$、$w_{2,2}^{(2)}$、$w_{1,1}^{(3)}$、$w_{2,1}^{(3)}$ とします。ここで、各重み $w_{i,j}^{(l)}$ の右上にある括弧付きの数字 (l) は結合が $l-1$ 層と l 層を結ぶことを表し、右下の数字 i,j は前の層（つまり $l-1$ 層）の上から i 番目のニューロンを l 層の上から j 番目のニューロンへつなぐ、という意味です。例えば $w_{2,1}^{(2)}$ は入力層（$l=1$）の上から2番目のニューロンと隠れ層（$l=2$）の一番上のニューロンをつなぐ結合の重みに対応します。そして、前層から結合している全ニューロンから重みを介して得られた値の合計となる総入力 z に対して、$f(z)$ なる活性化関数が作用して情報が前に伝わるとします。このように1つの入力層を持ち、次の層に向けて順番に情報を伝えていくようなネットワークを一般に**フィードフォワード型ネットワーク**と呼びます。また、入力層と出力層の間にある層を**隠れ層**（あるいは中間層）と言います。

　このネットワークの入力 $x_1^{(1)}$、$x_2^{(1)}$ の場合、隠れ層のニューロンが出力する値はそれぞれ

$$x_1^{(2)} = f(z_1^{(2)}) = f(w_{1,1}^{(2)}x_1^{(1)} + w_{2,1}^{(2)}x_2^{(1)} + b_1^{(2)})$$

$$x_2^{(2)} = f(z_2^{(2)}) = f(w_{1,2}^{(2)}x_1^{(1)} + w_{2,2}^{(2)}x_2^{(1)} + b_2^{(2)})$$

となり、最終層ニューロンが出力する値は

$$y = x_1^{(3)} = f(z_1^{(3)}) = f(w_{1,1}^{(3)}x_1^{(2)} + w_{2,1}^{(3)}x_2^{(2)} + b_1^{(3)})$$

となります。ここで $b_1^{(2)}$、$b_2^{(2)}$、$b_1^{(3)}$ はバイアスと呼ばれる項で、各ニューロンに入力された値に対して、活性化関数に渡す手前の調整を行う役割があります。仮にニューロンが受け取った値を素通しするだけで、活性化関数が $f(z) = z$ であったとしましょう。すると最終的に出力される値は

$$y = x_1^{(3)} = z_1^{(3)} = w_{1,1}^{(3)}x_1^{(2)} + w_{2,1}^{(3)}x_2^{(2)} + b_1^{(3)}$$

$$= (w_{1,1}^{(3)}w_{1,1}^{(2)} + w_{2,1}^{(3)}w_{1,2}^{(2)})x_1^{(1)} + (w_{1,1}^{(3)}w_{2,1}^{(2)} + w_{2,1}^{(3)}w_{2,2}^{(2)})x_2^{(1)} + (w_{1,1}^{(3)}b_1^{(2)} + w_{2,1}^{(3)}b_2^{(2)} + b_1^{(3)})$$

となり、これは線形回帰と同値になります。一方で、活性化関数として「ある程度大きい値に対してはより強く反応する」というような非線形性のあるものをうまく選ぶことにより、ニューラルネットワークは線形回帰よりも高い表現力を発揮できるようになります。

一般的なフィードフォワード型ネットワークを定式化するための各変数の表記を表7.2にまとめます。

変数名	表記
$w_{i,j}^{(l)}$	第 $l-1$ 層 i 番目のニューロンと第 l 層 j 番目のニューロンの結合の重み
$b_j^{(l)}$	第 l 層 j 番目のニューロンのバイアス項
$x_j^{(l)}$	第 l 層 j 番目のニューロンから出力される値
$z_j^{(l)}$	第 l 層 j 番目のニューロンにおける活性化関数を適用する前の総入力値。前の第 $l-1$ 層から第 l 層 j 番目のニューロンにつながっているすべてニューロンからの出力を重み付けし、バイアス項を足したもの。つまり $z_j^{(l)} = \sum_k w_{k,j}^{(l)}x_k^{(l-1)} + b_j^{(l)}$ となる
$f(z)$	活性化関数。$z_j^{(l)}$ に対して適用されると $x_j^{(l)} = f(z_j^{(l)})$ となり、このニューロンの最終的な出力になる

■ **表7.2** 変数の表記

　活性化関数としては、歴史的にシグモイド関数やtanh関数が微分計算の容易さなどの観点で採用されてきましたが、近年ではReLU（Rectified Linear Unit）と呼ばれるシンプルな関数（とそれの亜種）が機械学習における利便性から頻繁に利用されています。

　ReLUは正の入力値はそのまま素通しして、負の値については出力を0とするような関数です。正の入力値には一定値の勾配を持つため、学習ステップにおける勾配降下法の計算を繰り返す上でメリットがあります。対してシグモイド関数の場合、その導関数の性質から前方の層ほど勾配がゼロに近付いてしまうことから、結合の重み w の更新が困難になるという問題がありました。

　図7.9と表7.3に代表的な活性化関数とその特徴を示します。

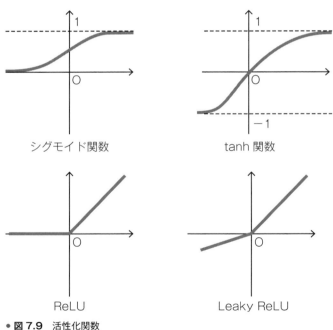

● **図 7.9**　活性化関数

関数名	定義式	特徴
シグモイド関数 (図7.9左上)	$f(z) = \frac{1}{1+e^{-az}}$	0〜1の範囲におさまる。端の方では傾きが0に近づく
tanh 関数 (図7.9右上)	$f(z) = \frac{1-e^{-2z}}{1+e^{-2z}}$	−1〜1の範囲におさまる。シグモイド関数を線形変換したもの
ReLU (図7.9左下)	$f(z) = \max(0, z)$	z が正のとき、値によらず傾きが一定のため、勾配消失に強いとされる
Leaky ReLU (図7.9右下)	$f(z) = a\min(0, z) + \max(0, z)$	ReLUの負の部分に緩やかな傾きを加えたもの[*12]
ソフトマックス関数	$f(z_k) = \frac{\exp(z_k)}{\sum_{j=1}^{n} \exp(z_j)}$	正規化された0〜1の値となって確率として解釈できるため、分類問題の出力層でよく利用される

■ **表7.3** 代表的な活性化関数

ニューラルネットワークの万能性

　ニューラルネットワークは少なくとも3層で構成され（つまり入力層と出力層の中間に少なくとも1層の隠れ層が存在する）、かつ十分なユニット数を持つことができるとします。このとき、あらゆる連続関数 $f(x)$ はニューラルネットワークを用いて任意の精度で近似できるという万能近似能力が保証されています。詳細にはふれませんが、これは言い換えれば任意の連続関数 $f(x)$ が任意の $\epsilon > 0$ に対し、$\forall x, |f(x) - g(x)| < \epsilon$ となるようなニューラルネットワーク $g(x)$ が存在することを意味します[*13]。

　こうした理論的な側面に加え、特定の層でユニット数を増やすよりも層を重ねた方が少ない計算量で表現力を獲得できることから、中間の隠れ層を増やしたネットワークアーキテクチャが実用的タスクにおいて良い性能を発揮するようになりました。このような背景から、層を重ねたニューラルネットワークを活用した機械学習の手法は、一般に「ディープラーニング」（深層学習）と呼ばれるようになりました。

　なお、理論上は連続関数しか任意の精度では近似できないとはいえ、非連続関数であってもうまく学習を行えば十分に実用的な近似ネットワークが得られるケースはたくさんあります。特に近似したい関数が滑らかな場

---

*12　ReLU で学習が止まってしまう問題を改善するために提案された修正版です。
*13　詳細は参考文献 [11] [12] を参照してください。

合はカーネル法などの他手法でもうまく表現できますが、例えば局所的に滑らかでない構造を持つような関数の場合、ニューラルネットワークが有利になることも報告されています。

後述する畳み込みニューラルラルネットワークは、画像を扱ったタスクを効率的に扱えるようにアーキテクチャを工夫したニューラルネットワークの一種で、画像認識のタスクによっては人間を越える性能を発揮します。

評価：クラス分類の損失関数

繰り返しますが、本章で扱う画像認識は、初見の画像が与えられたときにそれが M 種類あるクラスのうちのどれに所属するのかを判定するタスクでした。学習データセットを $\{\mathbf{x}_n, C_n\}_{n=1}^{N}$ [*14] として、このモデルに画像データ $\mathbf{x}_n$ を入力すると、その画像が各クラスに所属する確率を成分に持つベクトル

$$\mathbf{y}_n = (y_{n,1}, y_{n,2}, ..., y_{n,M})$$

を出力するとします。このようなモデルにおいて、理想的なシナリオはこの $\mathbf{y}_n$ が、正解クラスである C_n 番目の成分のみが確率100%を表す 1.0 になり、その他のクラスの成分がすべて 0 となるようなベクトル[*15]

$$\mathbf{t_n} = (t_{n,1}, t_{n,2}, ..., t_{n,M}) = (0, ..., 1.0_{(C_n 番目の成分)}, ..., 0)$$

になるべく一致する場合です。例えば、 $\mathbf{x}_n$ の正解ラベルが 3 番目のクラスであったとすると、 $\mathbf{t}_n = (0, 0, 1.0, ..., 0)$ のように 3 番目の成分だけが 1 となりますが、モデルの出力 $\mathbf{y}_n$ についても 3 番目の成分が 1.0 に近い値となって欲しいわけです。

さて、このようなときモデルの出力 $\mathbf{y}_n$ と正解データ $\mathbf{t}_n$ の「ズレ度合い」はどのような損失関数によって表せるでしょうか？ これを考えるにあたり、まず与えられた画像データ $\mathbf{x}_n$ がモデルによって正解クラス C_n に分類される確率を求めてみると

---

* 14 サイズ N のデータセットのうち n 番目の画像データ $\mathbf{x}_n$ が C_n 番目のクラスに所属することを表します。
* 15 正解クラスのみが 1 であることから One-Hot Vector と呼ばれます。

$$p(\text{予測クラスが } C_n | \mathbf{x}_n) = \prod_{k=1}^{M} y_{n,k}^{t_{n_k}}$$
$$= y_{n,C_n}^{1.0}$$

であり、これを全観測データについて考えると次のように尤度を計算できることが分かります。

$$L = \prod_{n=1}^{N} \prod_{k=1}^{M} y_{n,k}^{t_{n_k}}$$
$$= \prod_{n=1}^{N} y_{n,C_n}^{1.0}$$

つまり、この尤度が最大になるようなパラメータを持つモデルこそが観測データを「尤もらしく」出力すると解釈できます。さらにこれの対数をとり、－1倍して符号を反転させると次のようになります。

$$\mathcal{L} = -\log L = -\sum_{n=1}^{N} \sum_{k=1}^{M} t_{n,k} \log y_{n,k}$$
$$= -\sum_{n=1}^{N} 1.0 \cdot \log y_{n,C_n}$$

上記の $\mathcal{L}$ を最小化することは尤度を最大化することに他ならず、これを損失関数として採用すれば、先に紹介した勾配降下法でパラメータを探索できます。$\mathcal{L}$ はモデルの出力 $\mathbf{y}_n$ と正解情報を表す $\mathbf{t}_n$ の近しさを表現する損失関数としてクラス分類問題でしばしば活用され、**交差エントロピー**と呼ばれます。

例えば、画像に写っているものをイヌ、サル、キジの3クラスに分類するモデルがあったとします。このモデルにサルの画像 $\mathbf{x}$ を入力したところ、出力が $\mathbf{y} = (0.5, 0.1, 0.4)$ であった場合、
$\mathcal{L} = -0.0 \times \log 0.5 - 1.0 \times log 0.1 - 0.0 \times log 0.4 \approx 2.3$ となりますが、出力が $\mathbf{y} = (0.05, 0.9, 0.05)$ であった場合、
$\mathcal{L} = -0.0 \times log 0.05 - 1 \times \log 0.9 - 0.0 \times log 0.05 \approx 0.1$ となります。つまり、正解にあたるサルをより高確率（この場合は後者で90%）で予測する

モデルの方が交差エントロピーは小さくなります。

学習：誤差逆伝播

　誤差逆伝播法（Back Propagation）とは、ニューラルネットワークのパラメータを更新するために行う勾配降下法において、損失関数 $\mathcal{L}$ の勾配、つまり $\mathcal{L}$ に含まれる重みパラメータ $w_{i,j}^{(l)}$ とバイアス $b_j^{(l)}$ に関する偏微分 $\frac{\partial \mathcal{L}}{\partial w_{i,j}^{(l)}}$、$\frac{\partial \mathcal{L}}{\partial b_j^{(l)}}$ を計算する方法のことです。$\frac{\partial \mathcal{L}}{\partial w_{i,j}^{(l)}}$、$\frac{\partial \mathcal{L}}{\partial b_j^{(l)}}$ さえ計算できれば（P.186参照）、重みパラメータは $w_{i,j}^{(l)new} = w_{i,j}^{(l)} - \eta \frac{\partial \mathcal{L}}{\partial w_{i,j}^{(l)}}$、バイアスは $b_j^{(l)new} = b_j^{(l)} - \eta \frac{\partial \mathcal{L}}{\partial b_j^{(l)}}$ として損失が減る方向に修正できるわけです。$\mathcal{L}(y)$ は最終層の出力 y を受け取りますが、y はそれよりも前のすべての層のパラメータに影響を受けるので、高校数学で習う「合成関数の微分公式」を多変数関数について行う「微分の連鎖律」を使えばあらゆる重み $w_{i,j}^{(l)}$ とバイアス $b_j^{(l)}$ について勾配を計算でき、その具体的な手順が**誤差逆伝播法**と呼ばれています[16]。誤差逆伝播法はニューラルネットワークの構造上、どうしても添字が多くなりがちで、式を追うのが大変に思われるかもしれません。そこで初めはもう少し単純なネットワークでどのようにパラメータの勾配が計算できるのか見てみましょう。

シンプルなネットワークの場合

　図7.10は、シンプルなネットワークとして紹介した図7.8の再掲です。

＊16　以下、単にパラメータと言う場合は重みパラメータとバイアスの両方を指します。

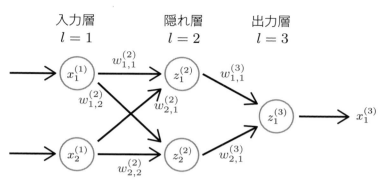

● **図 7.10** 図7.8のネットワーク（再掲）

まずは最後の出力ニューロンの総入力 $z_1^{(3)}$ に対する損失関数の勾配 $\delta_1^{(3)} = \frac{\partial \mathcal{L}}{\partial z_1^{(3)}}$ を考えてみます。すると $\mathcal{L} = \mathcal{L}(x_1^{(3)}) = \mathcal{L}(f(z_1^{(3)}))$ と見ることで次のように直接計算できます。

$$\delta_1^{(3)} = \frac{\partial \mathcal{L}}{\partial z_1^{(3)}} = \frac{\partial \mathcal{L}}{\partial x_1^{(3)}} \frac{\partial x_1^{(3)}}{\partial z_1^{(3)}}$$
$$= \frac{\partial \mathcal{L}}{\partial x_1^{(3)}} f'(z_1^{(3)})$$

次に1つ前の層の $\frac{\partial \mathcal{L}}{\partial z_1^{(2)}}$ を考えてみます。すると損失関数は

$\mathcal{L} = \mathcal{L}(f(z_1^{(3)})) = \mathcal{L}(f(w_{1,1}^{(3)}f(z_1^{(2)}) + w_{2,1}^{(3)}f(z_2^{(2)}) + b_1^{(3)}))$ と見ることで

$$\delta_1^{(2)} = \frac{\partial \mathcal{L}}{\partial z_1^{(2)}} = \frac{\partial \mathcal{L}}{\partial z_1^{(3)}} \frac{\partial z_1^{(3)}}{\partial z_1^{(2)}}$$
$$= \frac{\partial \mathcal{L}}{\partial z_1^{(3)}} \frac{\partial}{\partial z_1^{(2)}}(w_{1,1}^{(3)}x_1^{(2)} + w_{2,1}^{(3)}x_2^{(2)} + b_1^{(3)})$$
$$= \frac{\partial \mathcal{L}}{\partial z_1^{(3)}} \frac{\partial}{\partial z_1^{(2)}}(w_{1,1}^{(3)}f(z_1^{(2)}) + w_{2,1}^{(3)}f(z_2^{(2)}) + b_1^{(3)})$$
$$= \delta_1^{(3)}w_{1,1}^{(3)}f'(z_1^{(2)})$$

と計算できるようになります。同様に $\frac{\partial \mathcal{L}}{\partial z_2^{(2)}}$ も以下のように求まります。

$$\delta_2^{(2)} = \frac{\partial \mathcal{L}}{\partial z_2^{(2)}} = \frac{\partial \mathcal{L}}{\partial z_1^{(3)}} \frac{\partial z_1^{(3)}}{\partial z_2^{(2)}}$$
$$= \delta_1^{(3)} w_{2,1}^{(3)} f'(z_2^{(2)})$$

このように最終層の $\delta_1^{(3)}$ から後ろ向きに $\delta_1^{(2)}$ と $\delta_2^{(2)}$ をまずは計算して

おきます。これを利用すれば、重みの勾配 $\frac{\partial \mathcal{L}}{\partial w_{1,1}^{(2)}}$ は以下のように求めることができます。

$$\frac{\partial \mathcal{L}}{\partial w_{1,1}^{(2)}} = \frac{\partial \mathcal{L}}{\partial z_1^{(2)}} \frac{\partial z_1^{(2)}}{\partial w_{1,1}^{(2)}}$$
$$= \delta_1^{(2)} \frac{\partial}{\partial w_{1,1}^{(2)}} (w_{1,1}^{(2)} x_1^{(1)} + w_{2,1}^{(2)} x_2^{(1)} + b_1^{(2)})$$
$$= \delta_1^{(2)} x_1^{(1)}$$

また、バイアスの勾配についても次のようになります。

$$\frac{\partial \mathcal{L}}{\partial b_1^{(2)}} = \frac{\partial \mathcal{L}}{\partial z_1^{(2)}} \frac{\partial z_1^{(2)}}{\partial b_1^{(2)}}$$
$$= \delta_1^{(2)} \frac{\partial}{\partial b_1^{(2)}} (w_{1,1}^{(2)} x_1^{(1)} + w_{2,1}^{(2)} x_2^{(1)} + b_1^{(2)})$$
$$= \delta_1^{(2)}$$

まったく同じ要領で事前に計算しておいた $\delta_j^{(l)} = \frac{\partial \mathcal{L}}{\partial z_j^{(l)}}$ を使えば、すべ
ての重みとバイアスについての勾配が晴れて求まることになります。

- 重みの勾配

$$\frac{\partial \mathcal{L}}{\partial w_{2,1}^{(2)}} = \delta_1^{(2)} x_2^{(1)}, \frac{\partial \mathcal{L}}{\partial w_{1,2}^{(2)}} = \delta_2^{(2)} x_1^{(1)}, \frac{\partial \mathcal{L}}{\partial w_{2,2}^{(2)}} = \delta_2^{(2)} x_2^{(1)}, \frac{\partial \mathcal{L}}{\partial w_{1,1}^{(3)}} = \delta_1^{(3)} x_1^{(2)}, \frac{\partial \mathcal{L}}{\partial w_{2,1}^{(3)}} = \delta_1^{(3)} x_2^{(2)}$$

- バイアスの勾配

$$\frac{\partial \mathcal{L}}{\partial b_2^{(2)}} = \delta_1^{(2)}, \frac{\partial \mathcal{L}}{\partial b_1^{(3)}} = \delta_1^{(3)}$$

一般的なフィードフォワード

フィードフォワード型ネットワークの一般形として、図7.11のような各層が任意のニューロン数を持ち、各ニューロンがとなり合う層の全ニューロンと任意の重みで結合しているような長さ L 層のネットワークを考えます。図7.8（図7.10）のネットワークと同様に、すべての重みとバイアスの勾配を求めるためにまず最終層について $\delta_j^{(L)} = \frac{\partial \mathcal{L}}{\partial z_j^{(L)}}$ を以下のように計算しておきます。

$$\delta_j^{(L)} = \frac{\partial \mathcal{L}}{\partial z_j^{(L)}} = \frac{\partial \mathcal{L}}{\partial x_j^{(L)}} \frac{\partial x_j^{(L)}}{\partial z_j^{(L)}}$$
$$= \frac{\partial \mathcal{L}}{\partial x_j^{(L)}} f'(z_j^{(L)})$$

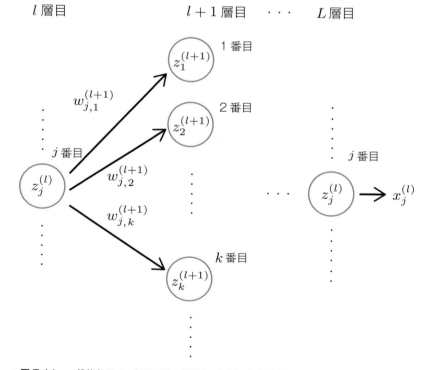

● **図 7.11** 一般的なフィードフォワード型ネットワークの場合

次に任意の隠れ層 l の j 番目のニューロンについて $\delta_j^{(l)} = \frac{\partial C}{\partial z_j^{(l)}}$ の計算を考えます。仮にこのニューロンの重みやバイアスに何らかの調整が加わり、総入力値 $z_j^{(l)}$ に変化が生じたとすれば、その影響を直ちに受けるのは隠れ層 $l+1$ のニューロンです。よって、この場合は結合先のニューロンについて図 7.8（図 7.10）のネットワークと類似の計算をすれば $\delta_k^{(l+1)}$ から $\delta_j^{(l)}$ を順次得るための漸化式が次のように得られます。

$$
\begin{aligned}
\delta_j^{(l)} = \frac{\partial \mathcal{L}}{\partial z_j^{(l)}} &= \sum_k \frac{\partial \mathcal{L}}{\partial z_k^{(l+1)}} \frac{\partial z_k^{(l+1)}}{\partial z_j^{(l)}} \\
&= \sum_k \frac{\partial \mathcal{L}}{\partial z_k^{(l+1)}} w_{j,k}^{(l+1)} f'(z_j^{(l)}) \\
&= \sum_k \delta_k^{(l+1)} w_{j,k}^{(l+1)} f'(z_j^{(l)})
\end{aligned}
$$

$\delta_j^{(l)}$ を出力層 L から逐次的に計算した後は先ほどのように、

$$
\begin{aligned}
\frac{\partial \mathcal{L}}{\partial w_{i,j}^{(l)}} &= \frac{\partial \mathcal{L}}{\partial z_j^{(l)}} \frac{\partial z_j^{(l)}}{\partial w_{i,j}^{(l)}} \\
&= \delta_j^{(l)} \frac{\partial}{\partial w_{i,j}^{(l)}} (\sum_k w_{k,j}^{(l)} x_k^{(l-1)} + b_j^{(l)}) \\
&= \delta_j^{(l)} x_i^{l-1}
\end{aligned}
$$

$$
\begin{aligned}
\frac{\partial \mathcal{L}}{\partial b_j^{(l)}} &= \frac{\partial \mathcal{L}}{\partial z_j^{(l)}} \frac{\partial z_j^{(l)}}{\partial b_j^{(l)}} \\
&= \delta_j^{(l)} \frac{\partial}{\partial w_{i,j}^{(l)}} (\sum_k w_{k,j}^{(l)} x_k^{(l-1)} + b_j^{(l)}) \\
&= \delta_j^{(l)}
\end{aligned}
$$

とすべてのモデルパラメータの勾配が求まります。全ニューロンの総入力 $z_j^{(l)}$ に対して $\frac{\partial \mathcal{L}}{\partial z_j^{(l)}}$ を後ろ向きに計算する点がポイントで、これが誤差逆伝播と言われる所以です。

検証：損失関数の推移

誤差逆伝播によって勾配計算を行い、ニューラルネットワークのパラ

メータを勾配降下法によって更新していく際、損失が学習ステップを進めるにつれてどのように変化していくのかを観測することは、モデルを調整する上で役立ちます（図7.12）。モデルの構造や初期状態を変更すれば、損失の推移も変わることがあり、異なる条件同士で損失の時系列グラフを比較することは、モデルを調整するための良い判断材料になるでしょう。また、学習率 η が大きすぎると最初は損失が急激に下がりますが、質の良くない局所解に陥ってしまう可能性があります。一方、学習率 η が小さすぎると学習がなかなか進まず時間がかかりすぎるでしょう。

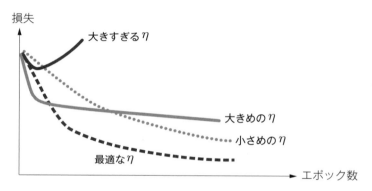

● **図 7.12** 学習率 η の大きさによる損失関数の推移

　特に重要なことは、学習データに対する損失・精度に加えて、検証データに対する損失・精度の推移を観察することです（図7.13）。仮に学習データの損失が順調に減少しているにもかかわらず、モデルにとって初見の検証データでは損失がまったく下がらないようであれば、過学習が疑われます。過学習とは、モデルが未知の状況には柔軟に対処できない状態であり、これは**性能が低い**ことを意味します。ゆえに機械学習は過学習をいかに防ぐかが重要なポイントと言えるでしょう。これまでに過学習を防ぎつつ効率よく学習を進めるための手法が数多く提案されており、表7.4はよく利用されるテクニックの一例[*17]です。

---

* 17　詳細は参考文献をご覧ください。

テクニック	概要
パラメータ初期値の設定方法	初期値の設定がモデル学習に大きな影響を与えるため、ヒューリスティックな方法として例えば、活性化関数にReLUを採用した場合はニューロン数 n に対して平均 0、標準偏差 $\sqrt{\frac{2}{n}}$ の正規分布から初期値を生成するといった方法が有名
バッチ正規化（Batch Normalization）	ネットワークの中間層の出力に対しても各バッチ単位で正規化処理を行う手法。学習効率を改善する方法として近年よく取り入れられている
L1/L2正則化（Regularization）	L1正則化とL2正則化は、それぞれ損失関数 $\mathcal{L}$ に $\lambda \sum w$ と $\lambda \frac{1}{2} \sum w^2$ を足すことによって、全体としてパラメータの値が過大にならないように抑制して過学習を防ぐ方法。ここで λ は正則化の強さを表す値。L1正則化はL2正則化に比べてより多くのパラメータが0（に近い値）になりやすい
ドロップアウト（Dropout）	ネットワーク中の一部のニューロンをランダムに無効化しながら学習を行う手法。モデルが特定のニューロンに依存しにくくなることから過学習に強いとされている
勾配降下法の発展的アルゴリズム	モデル学習の収束速度と安定性を高める目的で、学習率 η を学習の進行に対して動的に変化させるといったさまざまな勾配降下法の最適化アルゴリズムが提案されている。Adamなどのアルゴリズムが有名

■ **表7.4　学習をうまく進めるための手法例**

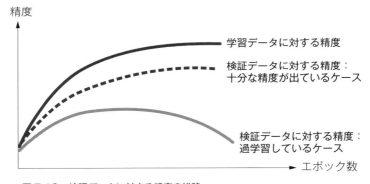

● **図7.13**　検証データに対する精度の推移

7.3　画像認識モデルの構築

7.3.1　畳み込みニューラルネットワーク

　二次元構造を持つ画像の特徴を加味して設計された特殊なニューラル

ネットワークの1つが畳み込みニューラルネットワークです。画像の性質に着目して、より少ないパラメータで効率的に性能を確保できることが大きな強みです。

　一般的なフィードフォワード型ネットワークでは、各ニューロンは隣り合う層の全ニューロンと任意の重みの結合を持つことができました。しかし、このままのモデルでは画像の空間構造をまったく考慮していないため、不必要にパラメータの数が膨大になってしまいます。幸い、画像認識を行う場合、画像ならではの性質を利用してパラメータの数をうまく削減できます。

　例えば、画像では近いピクセル同士の方がお互いにかけ離れたピクセル同士よりも情報に相関がありそうです。そして、互いに近いピクセルの集まりによって構成される輪郭や色といった、局所に現れる視覚的パターンの組み合わせが画像認識のための有効な情報になると考えられます。この画像の局所的な特徴を抽出するための演算に「**畳み込み**」(Convolution) があり、畳み込みを行った結果に対し、より代表的な情報だけを残したりまとめたりする操作を「**プーリング**」(Pooling) と言います。素朴に全層結合を重ねるのではなく、画像の空間構造をうまく活かすために「畳み込み」と「プーリング」という操作を交互に重ねる構造を取り入れたアーキテクチャが畳み込みニューラルネットワークです。

7.3.2　畳み込み層

　畳み込み層はカーネル[*18]と呼ばれる入力画像よりも小さい画像を定義して、入力画像をくまなく走査することで、カーネルの持つピクセル値のパターンと類似したパターンを抽出する役割を担います。具体的には、入力画像の各領域にカーネルを適用し、新しく計算された値をそれぞれの位置に応じたピクセル値とする新しい「画像のようなもの」を構成します。

　カラー画像であれば、入力画像はRGBのそれぞれに対応した3つのチャンネル（白黒画像なら1チャンネル）を持ちますが、入力層に対してn種類のカーネルを適用したものはnチャンネルを持つ新たな「画像のよ

[*18]　フィルタとも言います。

うなもの」となり、各チャンネルは各カーネルに対応したパターンを抽出してできたものです。このように複数のカーネルを適用した後にできる任意のチャンネル数を持つ「画像のようなもの」を**特徴マップ**と呼びます。

入力画像 $\{x^{(1)}_{c,i,j}\}, (c = 1, 2, 3)$ にこれと同等のチャンネル数を持つような $K \times K$ カーネル $\{w_{c,k,l}\}, (c = 1, 2, 3, k = 0, ..., K-1, l = 0, ..., K-1)$ [19] を適用すると、このカーネルに対応したチャンネルの特徴マップ上のピクセル値 $x^{(2)}_{i,j}$ は次のように計算されます。

$$z_{i,j} = \sum_{c=1}^{3} \sum_{k,l=0}^{K-1} w_{c,k,l} x^{(1)}_{c,i+k,j+l}$$

$$x^{(2)}_{i,j} = f(z_{i,j})$$

ここで、$x^{(2)}_{i,j}$ は活性化関数 f を適用した後の最終的な値です。少し添字が増えて一見複雑そうに見えますが、手順はシンプルで、カーネルを画像に当てたときに同じ位置にある値同士を掛け算して足していき、それらをチャンネルについても合算するだけです(図7.14)。

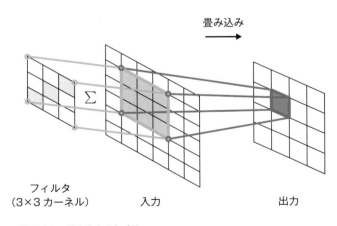

● **図7.14** 畳み込みのしくみ

---

[19] 一般には、同じチャンネル内のピクセル同士のみで畳み込む、単一ピクセルの異なるチャンネル同士のみで畳み込むといった方法も考えられます。

3×3カーネルの例

図7.14の3×3カーネルの値が

$$\begin{pmatrix} 0 & 0 & 1 \\ 0 & 1 & 0 \\ 1 & 0 & 0 \end{pmatrix}$$

で与えられる斜線パターンを持っているとして、このカーネルを6×6の
白黒画像に対して適用して、入力画像からも似たような斜線パターンを検
出したいとします。このとき、例えば、図7.15の太枠で囲まれた部分に
カーネルを適用すると、対応する特徴マップ上のピクセルの値は

$$(0{\times}0)+(0{\times}0)+(1{\times}0.5)+(0{\times}0.5)+(1{\times}1)+(0{\times}0.2)+(1{\times}0.8)+(0{\times}0.2)+(0{\times}0) = 2.3$$

となります。画像のすみずみまでカーネルをスライドして同様の計算をす
れば、結果として4×4の特徴マップが得られ、入力画像の斜線パターン
がおよそ特徴マップにも現れていることが分かるでしょう。

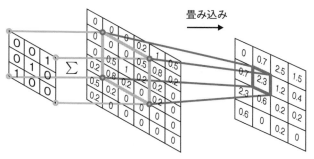

● **図 7.15** 3×3カーネルによる畳み込みの例

7.3.3 プーリング層

　プーリング層は畳み込みによって得られた特徴マップに対し、まとめ作
業のような役割を担います。代表的なものに最大値（max）プーリングや
平均値プーリングといったものがあり、特徴マップ上で例えば2×2と
いった一定のサイズの領域に特徴マップを分割し、その領域にある4つの
ピクセルの最大値や平均値を代表値として新しい特徴マップを構成します

（図7.16）。このようにすることで、特徴マップのサイズは小さくなり[20]、パラメータ数をさらに削減しつつネットワークの重要な情報を保持したり、ノイズに対する頑強性を高めたりすることができます。

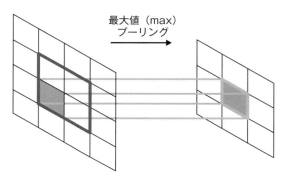

● **図 7.16** 最大値プーリングのしくみ

2×2プーリングの例

先ほどの3×3カーネルで得られた特徴マップに対し、2×2の平均値プーリングをかけると図7.17のようになります。特徴マップ上の各ピクセル値は、元画像上でざっくりどの位置に斜線パターンが観測されたのかを表した数字とみなすことができます。

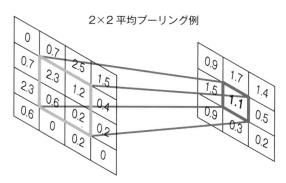

● **図 7.17** 平均値プーリングの例

＊ 20　単一ピクセルの値を複数ピクセルに拡大するなどのアップサンプリングを行う操作も存在します。

なお、プーリング手法の使い分けですが、画像の明暗がはっきりしており明るい部分に注目したい場合は最大値プーリングが有効とされています。一方で、最大値プーリングでは適用範囲において多くのピクセル情報を切り捨てているため、より情報を保持している平均値プーリングの方がうまくいく場合もあります。取り組んでいるタスクに応じて複数の手法を試してみると良いでしょう。

7.3.4 出力層

本章で考えている画像認識モデルは、入力した画像が M 種類あるクラスのそれぞれに所属する確率をベクトルとして出力するというものでした。畳み込みネットワークの出力層付近では、その手前まで階層的に連なった畳み込みとプーリングの結果＝高次の視覚的パターンに対し、所属ラベルを判定するための決戦投票を行う層を追加します。この出力手前の基本的なパターンの1つとして、全層結合層を1〜3層重ねることが多く、結合が密集していることから Dense Layer などと呼ばれます。なお、出力層のニューロン数はクラス数に一致するようにし、活性化関数として以下のようなソフトマックス関数を利用します。ソフトマックス関数を使うことにより、出力ニューロンの値が正規化されて確率として解釈できるようになります。

$$f(z_k) = \frac{\exp(z_k)}{\sum_{j=1}^{n} \exp(z_j)}$$

畳み込みニューラルネットワークの学習

このようにさまざまなパターンの組み合わせを抽出するために複数の畳み込みフィルタを画像に適用し、プーリングで情報をまとめていくというアイデアによって、結合数が減るだけでなく、それらの間で重みも共有されることとなり、結果としてネットワークのパラメータ数が大幅に減少して一石二鳥となります。

例えば、ある画像のサイズがRGBの3チャンネルも含めて $3 \times 100 \times 100 = 30{,}000$ の値を持つ場合を考えます。仮に入力層に30,000個のニューロ

ン、次の層に 10 × 96 × 96=92,160 個のニューロンを持つようなバイアスのないネットワークにこの画像を入力したとき、素朴なフィードフォワード型ネットワークの場合、入力層から次の層の間の結合パターン数から 30,000 × 92,160 = 2,764,800,000 個の重みが考えられることになります。一方で、画像に対してカーネルサイズ 5 のフィルタを 10 種類かけたとしても[21]、パラメータ数＝重みの数は高々 5 × 5 × 3 × 10 = 750 個ですが、出力の大きさは同様に 10 通りのサイズ 96 × 96 の特徴マップ、つまり 10 × 96 × 96 = 92,160 となります（図 7.18）。

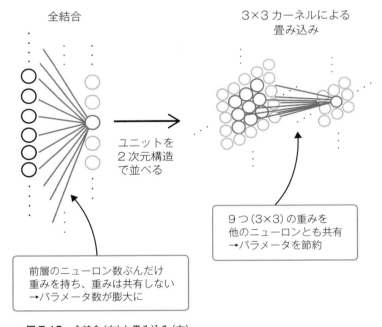

全結合

3×3 カーネルによる
畳み込み

ユニットを
2 次元構造
で並べる

9つ（3×3）の重みを
他のニューロンとも共有
→パラメータを節約

前層のニューロン数ぶんだけ
重みを持ち、重みは共有しない
→パラメータ数が膨大に

● **図 7.18**　全結合（左）と畳み込み（右）

　畳み込みニューラルネットワークは、より少ない結合と重みの共有によってパラメータ数を削減したフィードフォワード型ニューラルネット

＊ 21　他にもカーネルを何ピクセルずつずらして適用するかを決めるストライド、画像の周辺を 0 などのピクセルで埋めて余白を持たせるパディングといった調整がよく行われます。ここではストライド 1、パディングなしとします。

ワークの特殊な場合です。したがって、これまでと同様に勾配降下法でパラメータ（重みとバイアス）の機械学習を行えば、結果としてモデル内の畳み込みカーネルも獲得されます。

層の数

　前項では、隠れ層のニューロン数を増やすよりも層を重ねた方が一般に表現力が増すことについてふれましたが、畳み込みニューラルネットワークにおいても同様で、畳み込みとプーリングのセットを複数の層にわたって繰り返す方が高性能になることが知られています。このように層を重ねていくことは、まずは基本的な幾何学的パターンを検知し、続いてそれらの組み合わせによって構成されるより複雑な視覚的パターンを検知し、さらにまたそれらのパターンを組み合わせて高次の視覚的パターンを獲得し……といった具合に階層的に情報を積み重ねていくことに対応しています。例えば、画像に写っているのが「猫」だったとした場合、少数の単純な形状パターンだけでそれが「犬」ではなく「猫」であると判定するのは難しいわけですが、耳の輪郭が形状パターンの組み合わせで検知され、目や鼻や色といったさまざまな猫ならではの特徴についても視覚的パターンが階層的に出揃えば、これは「猫」の可能性が高い……と判断することはできるでしょう。これが画像認識において層が深くなるほど認識性能が上がる直感的なイメージであると考えられます。

7.3.5　画像認識技術の発展と有名モデル

　「いかに優れた機械学習の手法が存在したとしても、複雑な現実世界を十分に反映した学習データがなければうまくいくことはないだろう……」2006年頃、そう考えたPrinceton大学の研究チームがありました。このチームは同じくPrinceton大学の心理学者George Miller氏が1980年に考案したWordNetと呼ばれる、あらゆる言葉同士の概念を階層的に整理した意味辞書に注目し、いわばWordNetの画像版データセットを作ってはどうかというアイデアを考えました。そして、Amazonのクラウドソーシングサービスを活用して320万にもおよぶ画像の収集とラベリングを行

い、2009年にこのデータセットをImageNetと名付けて公開しました。

　ImageNetはそれまでのどんな画像データセットよりも多様なラベルを付与された大規模かつ網羅性の高いものであったことから、2010年からは同データセットを学習データおよび検証データとして使った画像認識コンテストImageNet Large Scale Visual Recognition Challenge（以下ILSVRC）が国際学会で開催されるようになりました。以来、ILSVRCは画像認識モデルの標準的なベンチマーキングの場となっており、特に2012年にトロント大学のHinton教授らが発表して話題となった畳み込みニューラルネットワークは、現在の活発なAI研究の火付け役になったとも言われています。以下は2012年以降にブレークスルーを達成した代表的なモデルです（図7.19）。

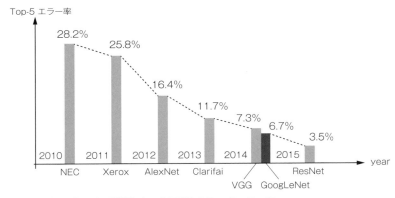

● **図7.19**　ILSVRCで話題となったモデルのTop-5エラー率
　（出典：Xuedong Huang, "Deep Learning and Intelligent Applications"
　https://www.slideshare.net/mlprague/xuedong-huang-deep-learning-
　and-intelligent-applications p.7.）

AlexNet

　AlexNetは2012年にILSVRCで圧倒的な性能を発揮し、畳み込みニューラルネットワークが画像認識においてきわめて有効なアーキテクチャであることを世に知らしめた象徴的なモデルの1つです（図7.20）。これは畳み込み層×5、全結合層×3（とプーリング層×3）によって構成されており、サイズ227×227の画像を入力すると、最終的には1,000種類のクラスそれぞれに所属する確率を表すベクトルがソフトマックス活性化関数を通して出

力されるという仕様になっています。勾配消失問題を解消するために隠れ層の活性化関数にReLUを採用したり、過学習をなるべく回避するべくドロップアウトを行うなど、近年より深層化する傾向にある進化版のモデルでも未だに重宝されるノウハウの多くが取り入れられた初期の事例でもあります。

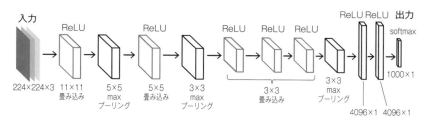

● **図 7.20** AlexNetのネットワーク概略図

VGG16/VGG19

2014年になるとAlexNetをより深くした畳み込み層×13、全層結合×3から成るVGG16というモデルがオックスフォード大学の研究グループ（Visual Geometory Groupの頭文字をとってVGG）によって発表され、2014年のILSVRCで2位となります（図7.21）。さらにその後、同研究グループによってVGG19というより深い層を持つ亜種も開発されました。AlexNetをシンプルに深くしたような構造となっており、現在でもさまざまなタスクのベンチマークやベースモデルとして採用されることがあります。

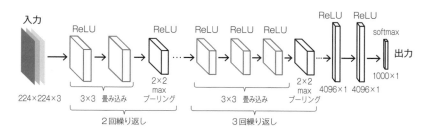

● **図 7.21** VGG-16のネットワーク概略図

GoogLeNet

VGGと同じく2014年のILSVRCに登場し、見事1位に輝いたモデルが GoogLeNetです（図7.22）。このモデルがInceptionモジュールと呼ばれる 複数の異なるサイズのカーネルを使った畳み込み層を並列に配置し、結果 を連結するような独自の構造を取り入れたことから **Inception Model** とも 呼ばれています。他にもモデル学習をうまく進行させるためのBatch Normalizationというテクニックをいち早く導入したり、過学習を防ぐた めに出力層を全層結合とする代わりにGlobal Average Pooling層と呼ばれ るしくみを用いた点に先進性があったと言われています。

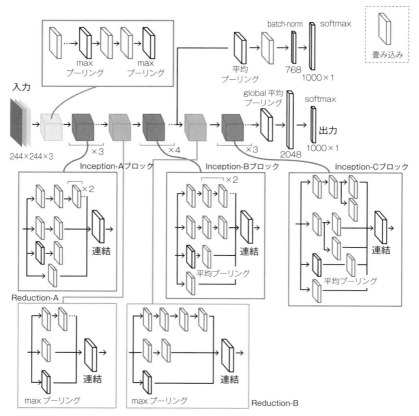

● **図 7.22　GoogLeNetのネットワーク概略図** (Inception-v3)

ResNet

VGG や GoogLeNet が華々しくデビューした翌年の 2015 年に ILSVRC の優勝カップをかっさらったモデルが ResNet です。畳み込みニューラルネットワークは、層の深さとともに精度は向上していきました。しかし、そこからさらに層を重ねていくとモデルのパラメータ学習が難しくなることに加え、認識精度が徐々に低下していく現象が見られました。そのような中で提案された ResNet では、名前の由来でもある Residual Block という構造をネットワークに取り入れることで、圧倒的に層の数を増やしても効率的にモデルを学習できるようになりました。また、GoogLeNet に続いて Batch Normalization の積極的なアーリーアダプターでもありました。

Residual Block は複数の畳み込み層をスキップするような迂回路（Skip Connection）を追加した構造ブロックで、これの特徴は直感的には次のように解釈することができます（図7.23）。

- 出力 $x^{(l+1)}$ は畳み込み層ブロックの出力値と Skip Connection 経由の値の合計となるので

$$x^{(l+1)} = R(x^{(l)}) + x^{(l)}$$

  と書けるが、この $R(x^{(l)})$ は入力と出力の残差（Residual）を学習するブロックと捉えることができる。

- Skip Connection は重み 1、活性化関数 $f(z) = z$ の結合として捉えることができるが、$f'(z) = 1$ なので、この Skip Connection のおかげで損失関数 $\mathcal{L}$ の勾配を消滅させずに前方に伝えやすくなる。

- モデル学習の過程において、必要でないブロックは学習せずに Skip Connection 経由でスキップできる。これは多数のより層が少ないモデルのアンサンブル学習（複数のモデルを融合して1つのモデルを構築する機械学習の手法）を行っている状況と考えることができる。また、従来はモデルのハイパーパラメータとして所与であった層の数が結果的に柔軟に調整されると捉えることもできる。

Skip Connection 自体は ResNet の登場以前に提案されていましたが、こ

れを応用することでモデルは汎化性能を犠牲にすることなく、さらなる深層モデルの学習が可能になりました。

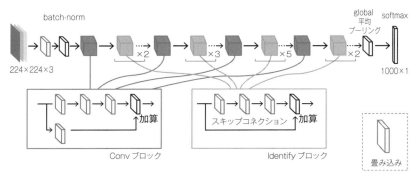

● **図7.23** ResNet-50のネットワーク概略図

その他のモデル

　上で紹介したモデルはそれぞれが後発のモデルに影響を与えており、現在も日進月歩で新しいネットワークアーキテクチャが提案され続けています。そして、それらの多くは本章で紹介した基本的な畳み込みニューラルネットワークの進化形と位置付けることができるでしょう。以下のような方向性でモデルが日夜開発され、学術論文やオープンソースといった形で公開されています。

● **安定したモデル**

　効率的に学習可能でかつ高い汎化性能を確保できるようなモデルが常に求められています。近年ではアーキテクチャ自体を探索する研究(Neural Architecture Search)も盛んになりつつあります。

● **軽量・高速なモデル**

SqueezeNetやGoogle社の開発するMobileNet[*22]のように、低メモリ環境や汎用的なモバイル端末で問題なく動作させたいというニーズが背景にあります。

7.4 独自の画像認識モデルの構築

過去に画像認識コンペで高い性能を発揮したVGG、GoogLeNet、ResNetといったモデルはどれもImageNet[*23]によって学習されています。この規模の画像データを自前で用意することは容易ではなさそうですが、幸いにも前述したような有名なモデルの学習済み画像認識モデルは一般に公開されており、自由に利用できます。

ImageNetでは画像データに対し、生物、乗り物、建築物、家具、果物、衣類といったあらゆる一般的な物体を表す20,000種類以上のクラスラベルを付与しています。したがって、「人々が写真共有サービスに猫の画像をどれぐらい投稿しているのか知りたい」といった一般的な対象物の画像認識を行いたい場合は、学習済みモデルをそのまま活用できるかもしれません。

一方で、特定の人物や商品を認識したい場合は、学習済みモデルをそのまま使ってもうまくいかないでしょう。例えば、発売したばかりのビールがどれほど露出しているのか知りたくても「beer bottle」などとラベリングされるだけで、これでは有益な情報が得られたとは言い難いでしょう。そこで、有力な選択肢となるのが、**すでに膨大なImageNetのデータで学習されたモデルを独自の画像認識タスクがこなせるように改造する**という方法です。

7.4.1 ファインチューニング

すでに多様かつ膨大な画像データの学習に成功した画像認識モデルの中

＊22　2020年1月時点でバージョン3までリリースされています。
＊23　ILSVRCではImageNetのうちの1,000クラスからなる120万枚の画像を使用します。

間層は、ランダムにパラメータを初期化した学習前モデルの中間層よりも
はるかに汎用的な特徴量を出力する状態になっています。よって、優秀な
学習済みモデルを用意し、そのモデルのある中間層まではパラメータを固
定し、それよりも後の層のパラメータのみ新しいデータで追加学習すれ
ば、効率よく新しいタスクに対応できるモデルへと進化させることができ
ます。このように既存の学習済みモデルをベースとして、独自のタスクを
こなせるように追加で学習を行う手法のことを**ファインチューニング**と呼
びます。なお、独自の分類タスクにおいてクラス数が元のモデルと異なる
場合は、出力数が新しいタスクのクラス数に一致する新しい層を最終層に
入れ替えて学習します。

　前述した通り、畳み込みニューラルネットワークでは畳み込み層とプー
リング層を複数回にわたって重ねることにより、後方になるほど画像の抽
象的な特徴を抽出できるようになると述べました。つまり、前方の層ほど
幾何学形状や輪郭といった基本的なパターンを検出し、後方になればなる
ほど複雑なパターンを検出できるようになると考えられます。よって、新
しく学習させたいデータが元々の学習データに似ている場合は、より後方
の層まで特徴抽出器として流用できます。逆に新しいデータが元々のモデ
ル学習データから見て縁遠いものであれば、もう少し前方の層から追加学
習した方がうまくいくでしょう。

データ拡張

　モデルの学習を進めるにあたって、過学習を避けるためにより多くの学
習データを用意したいと考えるのが自然でしょう。また、独自の画像認識
モデルを構築する場合は、そもそも学習データを十分に確保することが実
用上難しい場合もあるでしょう。そこで、すでに入手済みの学習データに
含まれる画像に対し、ランダムに拡大・縮小・回転・反転・平行移動など
の操作を施してバリエーションを与え、学習データを人工的に増やすこと
があります。このように、先に述べた「画像の多様性」をある程度考慮し、
過学習を防ぐ目的で学習データを水増しするテクニックのことを**データ拡
張**（Data Augmentation）と呼びます。

ファインチューニングの方針

　独自データを使ったモデルのファインチューニング戦略は、そのデータが学習済みモデルの学習に使用したデータとどの程度類似しているか、そしてどれぐらいの量を確保できているかによって異なります。

　まずデータの類似度ですが、ファインチューニングのターゲットモデルがImageNetを元に学習されている場合、新しいデータが例えば「猫」や「犬」であればImageNetに同様のカテゴリが存在するため、類似度が高いと言えるでしょう。一方で「内視鏡画像」といったものであればImageNetに同じようなサンプルは存在しないため、類似度は低いということになります。

　次に独自データはどれぐらいの量を用意すれば十分と言えるのかどうかですが、ImageNetの各サブカテゴリには平均して500の画像サンプルがあることを基準にすれば、各ラベルで500〜1,000程度のバリエーションがあれば十分な量と言えるでしょう。方針の目安をまとめると表7.5のようになります。

データセットの 類似度 データ量	高い	低い
データ多め	**少数〜最終層を追加学習** 最も恵まれたケースで、独自データが元の学習データに類似することから、学習済みモデルはすでに新しいデータの特徴をある程度うまく抽出できると考えられます。また、データ量も十分に確保できていることから過学習を起こすリスクも比較的低く、少数〜最終層を追加学習するのみで成果を得やすいでしょう（ケース1とします）。	**比較的多数〜全層を追加学習** 　独自データが元の学習データと類似していない場合でも、ImageNetに対して高い汎化性能を獲得している学習済みモデルのパラメータを初期値として、多数のデータで全層の追加学習を行えば、ゼロベースで学習を行うよりもうまくいく可能性が高まります。データ量も確保できているため、ケース1と同様に過学習の心配は少ないでしょう。
データ少なめ	**最終層のみ追加学習** ケース1と比べて独自データが少量のため、過学習を避ける上で最終層のみを追加学習するのが無難でしょう。	**データ拡張を行い、中間の層から追加学習** できればデータを追加で収集することが望ましいケースですが、うまくデータを拡張することで状況を改善できることがあります。最終層のみの追加学習では期待通りの精度を得られないかもしれませんが、一方でたくさんの層を学習すればよいかというと、データ量が十分でなければ過学習を起こしてしまいます。モデルのどの層以降で追加学習を行うのが適しているのか、実験を通して見極める必要があります。

■ **表7.5**　ファインチューニングの方針

なお、最終層では元の層に替えて、ソフトマックス関数を活性化関数とした全結合層を使うことが多いですが、他にも各チャンネルの画素平均値をとることでパラメータ数をより節約できるグローバル平均値プーリング（Global Average Pooling）[25] を使用する手法や線形SVM（Linear Support Vector Machine）[26] に置き換えるといった手法が提案されています。

7.5 まとめと参考文献

本章では、視覚情報としての画像が日常的なデジタル情報として社会を飛び交うに至るまでの歴史を簡単に紹介した上で、代表的な画像解析タスクのうち物体認識によってクラス分類を行うモデルを導入しました。特に、この領域で頻繁に活用される「畳み込みニューラルネットワーク」がどのようなアーキテクチャを持ち、それがどうして画像を認識する上でうまく機能するのか、勾配降下法によってどのように機械学習を進められるのかについて簡潔に説明しました。

現実の問題は得てして複合的かつ複雑な状況が多く、例えば自動運転AIであれば物体検出、画像セグメンテーション、動画解析といった複数タスクを同時にこなす必要があるかもしれません。無人店舗ではお客さんのプライバシーに考慮しながら人物の属性推定や動線解析を行うことが求められるかもしれません。しかしながら、ILSVCにおいて高い物体認識精度を達成したモデルに限らず、物体検出、画像セグメンテーション、画像生成といったあらゆるタスクのために日々研究開発されている多くの画像解析モデルも少なからず本章で紹介したアイデアを取り入れている場合が多く、より発展的なテーマに取り組むときにも本章の知識がファーストステップとして役に立つでしょう。

参考文献

- [1] 原田 達也 著, 「画像認識」, 講談社, 2017.

- [2] 瀧 雅人 著, 「これならわかる深層学習 入門」, 講談社, 2017.

- [3] Ian Goodfellow, Yoshua Bengio, Aaron Courville 著 黒滝 紘生, 河野 慎, 味曽野 雅史, 保住 純, 野中 尚輝, 冨山 翔司, 角田 貴大 翻訳, 岩澤 有祐, 鈴木 雅大, 中山 浩太郎, 松尾 豊 監訳, 「深層学習」, アスキードワンゴ, 2018.

- [4] 中川 裕志 著, 東京大学工学教程編纂委員会 編集, 「東京大学工学教程 情報工学 機械学習」, 丸善出版, 2015.

- [5] C.M. ビショップ 著, 元田 浩, 栗田 多喜夫, 樋口 知之, 松本 裕治, 村田 昇 監訳, 「パターン認識と機械学習 上／下」, 丸善出版, 2012.

- [6] 坂元 慶行, 石黒 真木夫, 北川 源四郎 著, 北川 敏男 編集, 「情報量統計学」, 共立出版, 1983.

- [7] Jorma Rissanen, "Optimal Estimation of Parameters", Cambridge University Press, 2012.

- [8] 青山 和浩, 山西 健司 著, 東京大学工学教程編纂委員会 編集, 「システム工学 知識システム I 知識の表現と学習」, 丸善出版, 2018.

- [9] CS231n: Convolutional Neural Networks for Visual Recognition http://cs231n.stanford.edu/

- [10] Deng, J. and Dong, W. and Socher, R. and Li, L.-J. and Li, K. and Fei-Fei, L., "ImageNet: A Large-Scale Hierarchical Image Database", 2009 IEEE conference on computer vision and pattern recognition (CVPR), 2009.

- [11] Cybenko, George, "Approximation by superpositions of a sigmoidal function", Mathematics of control, signals and systems, 1989.

- [12] Leshno, Moshe and Lin, Vladimir Ya and Pinkus, Allan and Schocken, Shimon, "Multilayer feedforward networks with a nonpolynomial activation function can approximate any function", Neural networks, 1993.

- [13] https://qz.com/1034972/the-data-that-changed-the-direction-of-ai-research-and-possibly-the-world/

- [14] Raimi Karim, "Illustrated: 10 CNN Architectures" https://towardsdatascience.com/illustrated-10-cnn-architectures-95d78ace614d#e4b1

- [15] Pedro Marcelino, "Transfer learning from pre-trained models", https://towardsdatascience.com/transfer-learning-from-pre-trained-models-f2393f124751

- [16] https://pytorch.org/

- [17] https://www.tensorflow.org/

- [18] https://keras.io/

各モデルの関連論文

- [19] Alex Krizhevsky and Sutskever, Ilya and Hinton, Geoffrey E, "ImageNet Classification with Deep Convolutional Neural Networks", Advances in Neural Information Processing Systems 25, 2012.

- [20] Simonyan, Karen and Zisserman, Andrew, "Very deep convolutional networks for large-scale image recognition", arXiv preprint arXiv:1409.1556, 2014.

- [21] Szegedy, Christian and Liu, Wei and Jia, Yangqing and Sermanet, Pierre and Reed, Scott and Anguelov, Dragomir and Erhan, Dumitru and Vanhoucke, Vincent and Rabinovich, Andrew, "Going deeper with convolutions", Proceedings of the IEEE conference on computer vision and pattern recognition, 2015.

- [22] Szegedy, Christian and Vanhoucke, Vincent and Ioffe, Sergey and Shlens, Jon and Wojna, Zbigniew, "Rethinking the inception architecture for computer vision", Proceedings of the IEEE conference on computer vision and pattern recognition, 2016.

- [23] He, Kaiming and Zhang, Xiangyu and Ren, Shaoqing and Sun, Jian, "Deep Residual Learning for Image Recognition", The IEEE Conference on Computer Vision and Pattern Recognition (CVPR), 2016.

- [24] Szegedy, Christian and Ioffe, Sergey and Vanhoucke, Vincent and Alemi, Alexander A, "Inception-v4, inception-resnet and the impact of residual connections on learning", Thirty-first AAAI conference on artificial intelligence, 2017.

- [25] Lin, Min and Chen, Qiang and Yan, Shuicheng, "Network in network", arXiv preprint arXiv:1312.4400, 2013.

- [26] Tang, Yichuan, "Deep learning using linear support vector machines", arXiv preprint arXiv:1306.0239, 2013.

統計学の基礎

　数理モデリングにおいて、ランダムな要素を含む偶然現象などを表現したいことが度々あります。このような現象のモデリングには確率論や統計学を用います。各章の理解を深めるために、付録として統計学の基礎について補足します。

A.1 　根元事象

　ここでは偶然現象を数理的に扱うための用語や記号の定義をします。今、出る目が同様に確からしいサイコロを投げるという実験について考えてみます。このサイコロ投げの結果を細かく分類して列挙してみましょう。

$\{1\text{の目が出る},\ 2\text{の目が出る},\ 3\text{の目が出る},\ 4\text{の目が出る},\ 5\text{の目が出る},\ 6\text{の目が出る}\}$

　このように、現象を可能な限り分類して得られる要素を**根元事象**と言います。このサイコロ投げのように具体的に数えられる根元事象を**離散的**と言います。

　ここでは根元事象が離散的でない例も紹介しておきます。今、河原で適当に小石を拾って重さを調べるという実験について考えてみます。このとき起こり得る結果としては 重さが 10g である などがありますが、重さとしては任意の正の数値を観測することになり、これはサイコロの例とは違い具体的に数え上げることができません。このような根元事象は**連続的**であると言います。

　また離散的、連続的にかかわらず、この根元事象すべての集合は Ω と表記され、その元である根元事象は ω と表記します。

A.2 　確率変数

　偶然現象を数理的に扱うために、統計学では根元事象を具体的な数値へ

対応することを考えます。この対応関係を**確率変数**と言い、しばしば X と表します。サイコロ投げの実験において確率変数の例を以下で紹介します。

$$X(1 \text{ の目が出る}) = 1$$

$$X(2 \text{ の目が出る}) = 2$$

$$X(3 \text{ の目が出る}) = 3$$

$$X(4 \text{ の目が出る}) = 4$$

$$X(5 \text{ の目が出る}) = 5$$

$$X(6 \text{ の目が出る}) = 6$$

確率変数は数学的に言えば Ω から実数への関数なのですが、実験的な扱いにおいてはほとんど観測値のみに気を払うため確率「変数」と呼ばれています。

また連続的な根元事象上に定義される確率変数は**連続型確率変数**、離散的な根元事象上に定義される確率変数は**離散型確率変数**と言います。

A.3 事象

統計学の文脈では、偶然現象が発生する確からしさを評価することが多々ありますが、この確からしさを**確率**と言います。サイコロ投げの実験で言えば「偶数の目の出やすさ」などが確率です。またこの確率を求めたい偶然現象は根元事象の集合ですが、これを**事象**と言います。例えば

偶数の目が出る $= \{2 \text{ の目が出る}, 4 \text{ の目が出る}, 6 \text{ の目が出る}\}$

などが事象にあたります。またすべての事象において

$$偶数の目が出ない = 奇数の目が出る$$

のように「それ以外」の事象を考えることができますが、これを**余事象**と言い、事象 A の余事象を A^c と書きます。また、確率変数を用いて、観測値が x 未満であるという事象を単に $X < x$ と書きます。厳密な定義は以下のとおりです。

$$X < x = \{\omega \in \Omega | X(\omega) < x\}$$

また実数の等号や不等号と混同のない範囲で $X \le x$ 、 $X = x$ も同様の定義を用いて事象を表すとします。

A.4 確率分布

事象 A の確率を $P(A)$ と書くとき、以下で定める

$$F(x) = P(X < x)$$

なる $F(x)$ を確率変数 X の**分布関数**と言います。

連続的な確率変数については、しばしばこの分布関数を微分できることがあります。この分布関数の導関数である

$$f = \frac{d}{dx}F$$

を**確率密度関数**と言います。

例えば、 $a < b$ なる実数 a 、 b において、観測値が a 以上 b 以下となるような確率は次のように計算できます。

$$P(a \le X \le b) = \int_a^b f(x)dx$$

また離散的な確率変数については、この導関数に相当にするものとして

$$f(x) = P(X = x)$$

を考えることができますが、これを確率変数 X の**確率関数**と言います。

例えば今、確率 $p \in [0,1]$ で表が出るコインを考えます。ここで、確率変数を次のように定義します。

$$X(\text{表が出る}) = 1$$

$$X(\text{裏が出る}) = 0$$

このとき、事象 $X = x$ の発生確率は次のように表せます。

$$P(X = x) = p^x (1-p)^{1-x}$$

この確率関数を用いれば、表が出る確率は $P(X = 1) = p$ 、また裏が出る確率は $P(X = 0) = 1 - p$ と計算できます。このとき、この確率分布はパラメータ $p \in [0,1]$ によって特徴付けられていることが分かります。

このように1つまたは複数のパラメータのみで特徴付けられる確率分布を**パラメトリックな確率分布**と言います。またパラメトリックな確率分布を特徴づけるパラメータを**母数**と言います。一般に確率変数 X が母数 θ によって特徴付けられる確率分布 $D(\theta)$ に従うことを次のように書きます。

$$X \sim D(\theta)$$

例えば確率変数 X が平均 μ 、分散 σ^2 の正規分布に従うことは $X \sim \mathcal{N}(\mu, \sigma^2)$ と表します。

A.5 期待値と分散

確率変数において、およそ中心と見積もられる値に**期待値**があります。この確率変数 X の期待値は $E[X]$ と書きます。離散型の確率変数において、期待値は次のように計算します。

$$E[X] = \Sigma_{k=-\infty}^{\infty} k P(X = k)$$

連続型の確率変数においては、確率密度関数 f を用いて次のように計

算します。

$$E[X] = \int_{-\infty}^{\infty} x f(x) dx$$

この期待値は確率変数における積分のようなもので、文脈によっては期待値を計算することを**確率変数 X を分布 f で積分する**などと呼ぶこともあります。

また、次の式で定義される $V(X)$ を確率変数の**分散**と言います。

$$V(X) = E[(X - E[X])^2]$$

これは**期待値からの二乗誤差の期待値**であり、この分散の値が大きいことは、おおまかにこの確率分布の散らばり具合が大きいことを表します。また、分散の正の平方根は**標準偏差**と呼ばれています。

A.6 独立

事象 A または事象 B の双方が同時に発生するとき、この事象を $A \cap B$ と書き、これを事象 A と事象 B の**積事象**と言います。また積事象 $A \cap B$ の発生確率が次の式を満たすとき、事象 A と事象 B は**独立**であると言います。

$$P(A \cap B) = P(A)P(B)$$

これはおおよそ、事象 A の発生の有無が、事象 B の発生確率に影響を与えず、逆もまた同様であることを表します。例えば、表と裏が出る確率が同様に確からしいコインを2回投げるとき、2回連続で表面が出る確率は $\frac{1}{4}$ であれば、これは1回目と2回目それぞれで表が出る確率 $\frac{1}{2}$ の積と等しくなります。これは1回目のコイン投げの結果が2回目のコイン投げの結果に影響を与えないことを表します。

また2つの確率変数 X 、 Y において、任意の2つの実数 $x, y \in \mathbb{R}$ に対応する2つの事象、 $X < x$ と $Y < y$ が独立であるとき、この確率変数 X

と Y は独立であると言います。確率変数の独立においても、これはおおよそ X の実現値が Y の実現値に影響を与えないことを表します。

同じ偶然現象を、実験のために繰り返し観測するとき、この実験は、確率変数の列 $X_1, X_2, \cdots, X_n$ と表現できます。実験では、これらの確率変数が互いに独立で、同一の分布に従うことを期待した上で、パラメトリックな確率分布のパラメータ推定などに利用します。この**「互いに独立で同一分布に従う」**という表現はこの分野における慣用句で、英語の independently and identically distributed の頭文字をとって、しばしば**i.i.d** などと言われます。繰り返しにはなりますが i.i.d という仮定は大まかに、その実験が「パラメータ推定のための実験として都合がいい」ことを表します。

本書では詳細は解説しませんが、実験や観測を根拠に、その確率分布の母数を見積もることを**推定**と言います。また、母数に対する仮説を実験や観測を根拠に、検証することを**検定**と言います。これらは多くの場合、実験が i.i.d であるという仮定のもとで上手くいきます。詳細は統計学などの教科書を参照してください。

A.7 離散型確率分布

A.7.1 ベルヌーイ分布

次のような確率関数を持つ確率分布をベルヌーイ分布 $\mathrm{Be}(p)$ と言います。

$$P(X = x) = p^x (1-p)^{1-x}$$

ここで実現値 x は 0 または 1 をとる離散型確率分布で、母数 p は 0 以上 1 以下の実数です。この $X = 1$ という事象を成功、$X = 0$ なる事象を失敗と言い、この試行は**ベルヌーイ試行**と呼ばれています。また具体的にはそれぞれ $P(X = 0) = 1 - p$ と $P(X = 1) = p$ となります。

これはコイン投げのように 2 つの事象のどちらかが確率 p で発生し、他

方が $1-p$ の確率で発生するような分布で、実務上もあらゆる場面で現れます。

- ベルヌーイ分布の例
  - ○ コイン投げの結果の分布
  - ○ 顧客の購買有無の分布

A.7.2 二項分布

ベルヌーイ分布 $\mathrm{Be}(p)$ に従う i.i.d な確率変数の列 $X_1, X_2, \cdots, X_n$ を考えます。これらの確率変数の和 $\sum_i X_i$ が従う分布は **二項分布** $\mathrm{Bi}(n,p)$ と呼ばれており、次のような確率関数を持ちます。

$$P(X = x) = {}_nC_k p^x (1-p)^{1-p}$$

ここで実現値 x は n 以下の自然数で、自然数 n と確率 p がこの分布の母数となります。現実には母数 n は多くの場合、実験場の仮定から自然に与えられ、母数 p のみが推定の対象になります。二項分布が現れる例には次のようなものがあります。

- 二項分布の例
  - ○ n 回のコイン投げで表が出た回数の分布
  - ○ n 人の顧客のうちの購買客数の分布

A.7.3 幾何分布

ベルヌーイ試行を繰り返し、初めて成功するまでの回数 X の分布を **幾何分布** $\mathrm{Ge}(p)$ と言い、次のような確率関数を持ちます。

$$P(X = x) = p(1-p)^{1-x}$$

ここで実現値 x は自然数の値をとり、またベルヌーイ分布と同様に母数 p は確率で 0 以上 1 以下の実数をとります。幾何分布が現れる例には

次のようなものがあります。

- 幾何分布の例
  - 初めて表が出るまでにコインを投げた回数
  - 初めて顧客が購買するまでの来店客数

A.7.4 ポアソン分布

一定期間に行う膨大な数のベルヌーイ試行の中で、平均で λ 回程度発生する事象が発生する回数の分布はポアソン分布 Po(λ) と言い、次のような確率関数を持ちます。

$$P(X = x) = \frac{\lambda^x e^{-\lambda}}{x!}$$

この実現値 x は自然数の値をとり、母数 λ は正の実数をとります。ポアソン分布が現れる例には以下のようなものがあります。

- ポアソン分布の例
  - 馬に蹴られて死ぬ兵士の数
  - 交差点で起きる事故の発生回数

A.8 連続型確率分布

A.8.1 連続一様分布

区間 $[a,b]$ の中の、どの点も同様に確からしく観測される値が従う分布を**一様分布** U(a,b) と言います。この一様分布は次のような密度関数を持ちます。

$$f(x) = \frac{1}{b - a}$$

この実現値 x は区間 $[a, b]$ の値をとり、母数 a, b は $a < b$ なる実数をとります。この母数 a, b は多くの場合実験上の過程から自然に与えられる値で、推定の対象になりません。

- 一様分布の例
  - $[0, 1]$ からランダムにサンプルされる値

A.8.2 指数分布

ランダムに発生するイベントが、発生してから次に発生するまでの時間が従う分布は**指数分布** $\mathrm{Exp}(\lambda)$ と呼ばれており、次のような密度関数を持ちます。

$$f(x) = \lambda e^{-\lambda x}$$

実現値 x と母数 λ は正の実数で、特に母数 λ は「このイベントの発生しやすさ」に対応します。

- 指数分布の例
  - 断続的に途切れる電話の途切れる間隔
  - 交差点における事故の発生間隔

A.8.3 正規分布

i.i.d な確率変数列 $X_1, X_2, \cdots, X_n$ の標本平均 $\frac{1}{n}\sum_i X_i$ が従う分布を**正規分布** $\mathcal{N}(\mu, \sigma^2)$ と言います。この正規分布は次のような密度関数を持ちます。

$$f(x) = \frac{1}{\sqrt{2\pi\sigma^2}} e^{-\frac{(x-\mu)^2}{2\sigma^2}}$$

特に十分大きい n に対して確率変数列 $X_1, X_2, \cdots, X_n$ の母平均が μ、母分散が σ^2 をとるとき、この標本平均 $\frac{1}{n}\sum_i X_i$ は、近似的に $\mathcal{N}(\mu, \frac{\sigma^2}{n})$

に従うことが知られており、これは**中心極限定理**と呼ばれています。

- 正規分布の例
  - 確率変数の標本平均

A.9 パラメトリックな確率分布の期待値と分散

上記で紹介したパラメトリックな確率分布の期待値と分散は表A.1の通りです。

名前	記号	確率関数／確率密度関数	期待値	分散
ベルヌーイ分布	$Be(p)$	$f(x) = p^x(1-p)^{1-x}$	p	$p(1-p)$
二項分布	$Bi(n,p)$	$f(x) = {}_nC_k p^x(1-p)^{1-p}$	np	$np(1-p)$
幾何分布	$Ge(p)$	$f(x) = p(1-p)^{1-x}$	$\frac{1}{p}$	$\frac{1-p}{p^2}$
ポアソン分布	$Po(\lambda)$	$f(x) = \frac{\lambda^x e^{-\lambda}}{x!}$	λ	λ
連続一様分布	$U(a,b)$	$f(x) = \frac{1}{b-a}$	$\frac{a+b}{2}$	$\frac{(b-a)^2}{12}$
指数分布	$Exp(\lambda)$	$f(x) = \lambda e^{-\lambda x}$	$\frac{1}{\lambda}$	$\frac{1}{\lambda^2}$
正規分布	$\mathcal{N}(\mu, \sigma^2)$	$f(x) = \frac{1}{\sqrt{2\pi\sigma^2}} e^{-\frac{(x-\mu)^2}{2\sigma^2}}$	μ	σ^2

■ **表 A.1** パラメトリックな確率分布の期待値と分散の一覧

予測モデルの
評価指標

B.1 評価指標

　ここでは、構築した予測モデルをどのように評価するかについて説明します。

　一般的なモデルの評価では、すべてのデータをいくつかに分割し、そのうちの1つでモデルのパラメータを学習し（このとき用いるデータを学習データと呼びます）、学習に用いていないデータ（テストデータと呼びます）に対してモデルを適用し、実際の値とモデルによる予測値とを何らかの**評価指標**に基づいて比較します。

　それぞれの評価指標は「モデルの未知のデータに対する予測の確からしさ」という点では共通していますが、***その指標がとる値は以下のようにそれぞれ異なります。***

- 値が大きければ大きいほど良い
- 値が小さければ小さいほど良い
- ある一定の範囲内の値しかとらない（最大値や最小値が定められている）
- どんな値でもとり得る（最大値や最小値が定められていない）

　さらに重要なことに、それぞれの評価指標は「何を『良い』とするか」の定義が異なっています。そのため、「2つのモデルAおよびBについて、評価指標Xを見るとAの方が、評価指標Yを見るとYの方が優れている。どちらが**本当に**優れているのか？」といったことがしばしば発生します。

　どの評価指標を用いてモデルを評価するかは、

- 現状の課題において、私たちが本当に欲しいモデルはどのようなものなのか？
- 現状の予測において、もっとも重要なことは何なのか？

を適切に認識することと同義です。

　ここからは、回帰問題と分類問題、それぞれにおいて頻繁に用いられる評価指標の定義と使いどころについて説明します。

B.2　回帰問題における評価指標

　今、モデル $f(x)$ によって得られた予測値 $\hat{y}$ と真の値 y のペアが N 個 $(y_1, \hat{y}_1), \cdots, (y_N, \hat{y}_N)$ 存在するとしましょう。ここで紹介する評価指標は、**予測値と真の値との差分が小さければ小さいほど良い** RMSE と MAPE です。

B.2.1　RMSE

　RMSE（Root Mean Square Error；二乗平均平方根誤差）はその名の通り、「二乗」した「誤差」の「平均値」に「平方」をとったものです。式で表現すると

$$\mathrm{RMSE}(y, \hat{y}) = \sqrt{\frac{1}{N} \sum_{i=1}^{N} (y_i - \hat{y}_i)^2}$$

です。RMSE は真の値 y と予測値 $\hat{y}$ との差分を誤差として定義します。その上で、誤差を二乗したものをすべてのペアについて計算し、その平均値の平方をとります。

　RMSE は **「それぞれの予測値が平均してプラスマイナス何件外すのか」** を意味しています。例えば、あるモデルのテストデータに対する RMSE が 3.0 だった場合、そのモデルが 10 件と予測した場合には、平均して 7.0 件から 13.0 件のうちに真の値が含まれているだろう、ということが分かります[*1]。

　RMSE は単体で評価できません。モデルから得られた RMSE と、実際

[*1]　もちろん RMSE は平均値を意味しているので、個々の予測の誤差についてはプラスマイナス 3.0 件を大きく上回ったり下回りえます。

の y の値の分布とを見比べることによって、初めて学習されたモデルが実用に耐え得るパフォーマンスを示しているかを検証できます。例えば、RMSE が 10.0 だったとしても、y の平均値が 10 件のデータと y の平均値が 100 件のデータとでは RMSE が示す意味が大きく変わっていることが分かるでしょう。

B.2.2 MAPE

RMSE は「**元の値のスケールを確認する必要があり、単体では良し悪しが評価できない**」という課題がありました。そこで用いるのが **MAPE**（Mean Absolute Percentage Error；平均絶対誤差率）です。

MAPE の定義を式で示します。

$$\mathrm{MAPE}(y, \hat{y}) = \frac{1}{N} \sum_{i=1}^{N} \frac{|y_i - \hat{y}_i|}{y_i} * 100$$

$|x|$ は x の絶対値を意味します。MAPE は誤差 $y_i - \hat{y}_i$ の絶対値が真の値 y_i からどの程度ずれているのかを割合で表現し、その平均をとったものです。割合で評価することにより、「真の値から何割ずれるのか」が理解しやすくなります。例えば MAPE = 13.0% だった場合、「このモデルは実際の値から平均して 13% ずれるのだろう」ということが分かります[*2]。

MAPE は理解しやすいだけでなく、同じ誤差の値において RMSE と異なる振る舞いを示すことに注意が必要です。例えば誤差 $y_i - \hat{y}_i$ が 1.0 だった場合、RMSE で評価するときには真の値 y_i に問わず 1.0 として扱いますが、MAPE では y_i の値によって

- 真の値 1.0 に対して誤差が 1.0 は誤差率が 100.0%
- 真の値 100.0 に対して誤差が 1.0 は誤差率が 1.0%

といったように扱いが変わります。

[*2] MAPE は計算時に絶対値を取っているため、13% 大きくずれるのか、または 13% 小さくずれるのかは分からないことに注意してください。

これらの議論をまとめると

- 真の値とのずれのみに着目したい場合はRMSEで評価する
- 特に小さい値における誤差に着目したい場合にはMAPEで評価する

という方針が存在します。

B.3 分類問題における評価指標

続いて、分類問題(特に二値分類問題)における評価指標について説明します。ここでは正解率・精度・再現率・F値・AUCの5つを説明しますが

- 正解率・精度・再現率・F値:$\hat{y} \in \{0, 1\}$ すなわち、予測値が0か1かをとるときに用いる
- AUC:$\hat{y} \in [0, 1]$ すなわち、予測値があるラベルをとる確率値の場合に用いる

という違いがあります。

B.3.1 正解率・精度・再現率・F値

モデル $f(x)$ によって得られた0か1かをとる予測値 $\hat{y} \in \{0, 1\}$ と真の値 y のペアが N 個 $(y_1, \hat{y}_1), \cdots, (y_N, \hat{y}_N)$ 存在するとしましょう。もし $\hat{y}$ が1となる確率値を出力するモデルであれば、$0 \leq \mathrm{th} \leq 1$ となる閾値 th を設定し、それを上回ったら $\hat{y} = 1$、そうでなければ $\hat{y} = 0$ と変換したものとして読み進めてください。

予測値＼真の値	0	1
0	a（真陰性）	b（偽陰性）
1	c（偽陽性）	d（真陽性）

■ **表 B.1** 混同行列

表B.1は**混同行列**と呼ばれる行列です。表頭は真の値を、表側は予測値を意味しており、それぞれのセルは合致する要素の個数を意味しています。各セルは

- 真陰性：0と予測したものが実際に0だったもの
- 偽陰性：0と予測したものが実際は1だったもの
- 偽陽性：1と予測したものが実際は0だったもの
- 真陽性：0と予測したものが実際に1だったもの

の個数を意味しています。

このとき、

- **正解率**（Accuracy）：$\frac{a+d}{a+b+c+d}$
- **精度**（Precision）：$\frac{d}{c+d}$
- **再現率**（Recall）：$\frac{d}{b+d}$
- **F 値**（F-measure）：$\dfrac{2}{\frac{1}{\text{Precision}} + \frac{1}{\text{Recall}}} = \dfrac{2\text{Precision} \cdot \text{Recall}}{\text{Precision} + \text{Recall}}$

と定義します。これら4つの指標はすべて最小値が0、最大値が1であり、大きければ大きいほどその予測が優れていることを意味しています。

正解率はすべての予測値のうち0を0と、1を1と正しく当てることができた割合であり、もっともシンプルな評価指標です。精度と再現率はそれぞれの予測の傾向をより詳細に検討するための指標です。精度は「1である」と予測したもののうち、真に1だったものの割合を意味しています。また、再現率は真に1だったもののうち、「1である」と正しく予測できていたものの割合です。

　一般的に、精度と再現率はトレードオフの関係にあります。例えば、モデルが自信のあるデータにのみ1を返し、その他には0を返す場合には精度は高くなりますが再現率は低くなります。反対に、モデルが自信のないデータに対しても1を返すようになると再現率は高くなりますが精度は低くなります。モデルが確率値を返す場合には、0または1に振り分ける閾値を大きくすると精度は上がりますが再現率が下がり、反対に小さくすると精度は下がりますが再現率は上がるといった現象が観測できます。

　トレードオフである精度と再現率の両者を考慮して評価するのが**F値（F-measure）**であり、精度と再現率の調和平均

$$\text{F-measure} = \frac{2}{\frac{1}{\text{Precision}} + \frac{1}{\text{Recall}}}$$

として定義されています。

　では、精度や再現率はどの程度の値であれば「良い予測である」と言えるでしょうか。それは取り組んでいるタスクによって異なります。例えば、「宝くじの一等賞が当たる売り場を予測する」という問題であれば、精度が0.001だったとしてもそれは十分価値のあるモデルでしょう。反対に、「食用キノコか毒キノコを見極める」という問題で精度が0.9だったとしても、「安全だと判定された10個のキノコのうち1つは毒キノコ」と言われてしまえばそのモデルに命を預けようとは思わないはずです。

　また、あるモデルについて精度と再現率のどちらに着目すべきでしょうか。それは取り組んでいるタスクの性質であったり、目的によって以下に示すように異なります。

- モデルによる推定を行った上で人手による判定を行うのならば、取りこぼしがないように精度よりも再現率が高い方が望ましい
- アイテムの推薦を行う際、的外れのアイテムを出すぐらいなら表示しない方が良いのであれば精度が高い方が望ましい

B.3.2 AUC

精度や再現率は予測値 $\hat{y}$ が0か1かをとるときに用いる評価指標であり、$\hat{y}$ が確率である場合には何らかの閾値を用いて変換する必要がありました。

AUC（Area under the curve）は予測値に確率が出力として得られた場合にモデルを評価する指標です。AUCを一言で説明すると「真の値が1であるものの予測値が大きければ大きいほど、真の値が0であるものの予測値が小さければ小さいほど良い」という指標です。

AUCの前にまずは**ROC曲線（受信者操作特性曲線）**について説明します。ROC曲線は

- 敏感度（Sensitivity）：$\frac{d}{b+d}$
- 特異度（Specificity）：$\frac{a}{a+c}$

としたときに、N 個 $(y_1, \hat{y}_1), \cdots, (y_N, \hat{y}_N)$ の予測値 $\hat{y}$ と真の値 y がとり得る 1 − 特異度 をX座標に、敏感度をY座標に描画したものです。

この定義では分かりにくいので、実例を用いて計算しましょう。

ID	予測値	真の値
id 1	0.9	1
id 2	0.8	1
id 3	0.7	0
id 4	0.4	1
id 5	0.3	0
id 6	0.2	1
id 7	0.0	0

■ **表 B.2** あるモデルによるデータのID、予測値、真の値の集合

表B.2はあるモデルから得られた予測値と真の値のペア、および各データのIDです[*3]。ROC曲線を描くには

---

*3　この後の計算がしやすいよう、予測値が大きい順に並び替えています。

- ある閾値を決め、予測値を0または1に変換して特異度と敏感度を計算し、座標を得る
- とり得るすべての閾値に対して計算を繰り返す

という手続きを踏む必要があります。実装上は現れた予測値のすべてを閾値として計算するだけで済みます[*4]。

では計算してみましょう。閾値をそれぞれの予測値とした場合、表B.3の値を得ます。

閾値	敏感度	特異度	座標
0.9	0.25	1.0	$(0.0, 0.25)$
0.8	0.5	1.0	$(0.0, 0.5)$
0.7	0.5	0.67	$(0.33, 0.5)$
0.4	0.75	0.67	$(0.33, 0.75)$
0.3	0.75	0.33	$(0.67, 0.75)$
0.2	1.0	0.33	$(0.67, 1.0)$
0.0	1.0	0.0	$(1.0, 1.0)$

▪ **表 B.3** 各閾値における敏感度、特異度および座標

この各座標をつないだ曲線がROC曲線です。表B.3の座標を曲線として描いたものが図B.1における実線です。

[*4] なぜならば予測値が存在しない領域ではいくら閾値を変化させても敏感度と特異度が変化しないためです。

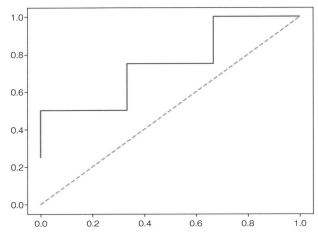

● **図 B.1** 実線は表 Y のデータから得られる ROC 曲線。破線はランダムな
予測値に対する ROC 曲線

　ランダムな予測値に対する ROC 曲線は図 B.1 の破線であり座標
$(0.0, 0.0)$ と $(1.0, 1.0)$ とをつなぐ直線です。ROC 曲線は左上にあればあ
るほど望ましく、また、モデルによって得られた ROC 曲線がランダムな
ROC 曲線から遠ざかれば遠ざかるほど望ましいという性質を持っていま
す。

　AUC は ROC 曲線の下側の面積です。最小値は 0.0、最大値は 1.0 であ
り、大きければ大きいほどモデルの予測性能が優れていることを意味しま
す。また、ランダムな予測値に対して ROC 曲線がただの $(0, 0)$ から
$(1.0, 1.0)$ をつなぐ曲線であったことを思い出すと、ランダムな予測値で
の AUC は 0.5 です。すなわち、0.5 より小さい AUC を示すモデルはコイン
トスよりも精度が低いと言えます。

おわりに

　本書では、データを業務や趣味で活用する上で必要となる数理モデリングを、日々の業務で活用しているデータサイエンティストがさまざまな角度から実際の事例を踏まえて紹介しました。

　「データサイエンティストが最もセクシーな職業」と言われてから10年が経とうとしています。この10年は、筆者たちがさまざまなバックグラウンドを経てデータ分析業界に加わり、格闘してきた年月でもあります。それらの日々を振り返ってみると、言われていたほどセクシーな想い出はなく、日々持ち込まれる厄介なタスクや目まぐるしく変わる環境と必死に格闘していたことばかりが思い出されます。

　データ分析を取り巻く環境はここ10年で大きく変わりました。

　筆者達がデータ分析をはじめた頃によく用いられていたのは無償の環境ではR言語やWeka、有償の環境ではSPSSやMatlabでした。しかし、Pythonのライブラリであるscikit-learnが一世を風靡し*1、同時にJupyter Notebookの登場によって探索的データ分析とその分析結果の共有がより容易になりました。

　データを格納する環境も変わりました。大規模なデータベースやHadoopに代表されるデータ処理基盤を個人で運用するのはハードルが高く、それらを活用するのは一部の大手企業や研究所に限定されていました。しかし、Amazon Web ServiceやGoogle Cloud Platform、Microsoft Azureに代表されるクラウドサービスの発達により、今では背後に存在する複雑かつ高機能なアーキテクチャを意識することなく、大規模なデータを気軽に処理することが可能になりました。

　予測精度を競い合う、競技としての数理モデリングであるデータ分析コンペティションも近年脚光を浴びた文化です。データ分析コンペティションそのものはNetflix社が自社のコンテンツ推薦の精度改善を目的に2006年に開催したNetflix Prizeや、データマイニングと知識発見に関する国際会議であるKDD（Knowledge Discovery and Data mining）において1999

---

*1　本書のサンプルコードの多くはPythonやscikit-learnに基づいています。

年から開催されている KDD Cup などが存在していました。また、予測精度を競うのではなく知識発見を主眼にしたデータ解析コンペティションが日本 OR 学会によって開催されていました。しかし、2010 年に創立された Kaggle[*2] によって、コンペティションへの参加の敷居が下がり、企業や大学の研究者だけでなく、市井のデータサイエンティストや学生などが気軽に競い合う文化が生まれたと言っても過言ではないでしょう。

深層学習の台頭も特筆すべき現象でしょう。「いつ深層学習が生まれたのか」という質問には答えにくいのですが、研究コミュニティにおいては 2009 年頃から徐々に話題になっていました。2012 年に行われた画像分類のコンペティション ImageNet Large Scale Visual Recognition Competition におけるディープラーニングを用いた手法の圧倒的な精度改善、Google による「猫の発見」[*3]、そして Keras や TensorFlow、PyTorch に代表されるディープラーニングフレームワークの急速な普及により、さまざまなネットワーク構造やパラメータ推定手法が研究・開発されるようになりました。それに伴い、画像認識や画像生成、質問応答などにおける各種ベンチマークデータに対する最高予測精度が（比喩ではなく）日々刻々と更新されています。

このようにデータや分析環境が一般化した時代において、「データに対して適切なモデルをどのように構築すべきか」「どのように問題を定式化すべきか」はどう学べば良いのでしょうか。プログラミング言語やライブラリ、フレームワーク、流行の予測手法の発展とは「解を得ること」が容易になることを意味しています。しかし、解を求める方法がどんなに進歩しても、その定式化された問題が適切であるか否かを判断してはくれません。適切な定式化に必要な数理的な思考や、その思考を定式化する数理モデリングのやり方はいつどんな時代も変わらないはずです。

「ハンマーを持つものにはすべてが釘に見える」という言葉があります。これは、手元の技術（ハンマー）をすべての問題を同じ問題（釘）と見なして見境なく適用する様子を表現しています。では、釘に対して正しいハン

＊2　https://www.kaggle.com/
＊3　Quoc V. Le, Marc'Aurelio Ranzato, Rajat Monga, Matthieu Devin, Kai Chen, Greg S. Corrado, Jeff Dean, and Andrew Y. Ng, "Building high-level features using large scale unsupervised learning", ICML 2012.

マーを選ぶには、手に持ったハンマーで叩くべき釘を選ぶにはどうすれば良いでしょうか。本書はこのような問題意識からスタートしました。プログラミング言語のコードやライブラリの使い方は前述のアナロジーで言えば「ハンマーの振るい方」です。これらについて言及していないのも本書の主眼が「問題の選び方」にあるためです。本書がみなさんの数理モデリングの一助となれば幸いです。

　本書は1章と4章と5章を水上、2章と3章を熊谷、6章を高野、そして7章を藤原が担当しました。また、2章と3章は株式会社博報堂の藤井遼氏とSansan株式会社の奥田裕樹氏に、4章と5章は株式会社サイバーエージェントの森下壮一郎氏に、6章はSansan株式会社の臼井翔平氏と株式会社サイバーエージェントの武内慎氏にコメントをいただきました。最後に、出版に際して技術評論社の高屋卓也氏には多大なる協力をいただきました。ここに感謝の意を表します。

索 引

246

● 著者プロフィール

水上ひろき　MIZUKAMI HIROKI

大手家具サプライチェーンの物流事業部・販売管理を経て 2015 年株式会社サイバーエージェント中途入社。秋葉原ラボにてサブスクリプション型音楽配信サービスにおけるコンテンツ推薦システムの企画・設計・開発・運用を担当。現在はエンタメ企業にてデータ利活用に従事。

熊谷雄介　KUMAGAE YUSUKE

2011 年日本電信電話株式会社入社。2015 年株式会社博報堂入社。研究開発局およびマーケティングテクノロジーセンターに所属。機械学習を用いた需要・購買予測、ターゲティング広告配信、広告効果シミュレーション、メディアプランニング、データ融合、コンテンツマーケティングの研究開発および実案件対応に従事。

高野雅典　TAKANO MASANORI

2009 年名古屋大学大学院情報科学研究科博士課程修了、博士（情報科学）。2009 年株式会社 JSOL 入社、2011 年株式会社サイバーエージェント入社。自社のメディアサービスの分析・計算社会科学研究に従事。

藤原晴雄　FUJIWARA HARUO

2006 年東京大学大学院情報理工学系研究科修士課程修了。
国内外の金融機関で金融派生商品の開発・計算業務に従事した後、2013 年に株式会社博報堂入社。研究開発局およびマーケティングテクノロジーセンターに所属。現在はマーケティング領域のデータ解析業務、デジタルテクノロジーを活用した表現技術の研究開発等を行う。

- ●装丁　　　　　　　　図工ファイブ
- ●誌面デザイン・DTP　BUCH⁺
- ●担当　　　　　　　　高屋卓也

データ活用のための
数理モデリング入門

2020 年 4 月 28 日　初版　第 1 刷発行

著　者	水上ひろき、熊谷雄介、 高野雅典、藤原晴雄
発行者	片岡 巌
発行所	株式会社技術評論社 東京都新宿区市谷左内町 21-13 電話　03-3513-6150　販売促進部 　　　03-3513-6177　雑誌編集部
印刷／製本	日経印刷株式会社

定価はカバーに表示してあります。

ISBN978-4-297-11341-4 C3055
Printed in Japan

【お問い合わせについて】

本書に関するご質問は記載内容についてのみとさせていただきます。本書の内容以外のご質問には一切応じられませんので、あらかじめご了承ください。なお、お電話でのご質問は受け付けておりませんので、書面またはFAX、弊社 Web サイトのお問い合わせフォームをご利用ください。

〒 162-0846
東京都新宿区市谷左内町 21-13
株式会社技術評論社
『データ活用のための数理モデリング入門』係

FAX　03-3513-6173
URL　https://gihyo.jp

ご質問の際に記載いただいた個人情報は回答以外の目的に使用することはありません。使用後は速やかに個人情報を廃棄します。